Roro
手織
娃娃服

國家圖書館出版品預行編目資料

Roro手織娃娃服 / 崔慧利作 ; 陳采宜翻譯. -- 新
　北市 : 北星圖書, 2020.02
　　面 ;　　公分
　　ISBN 978-957-9559-34-8(平裝)

　1.洋娃娃 2.手工藝

426.78　　　　　　　　　　108021388

Roro 手織娃娃服

作　　者／崔慧利
翻　　譯／陳采宜
發 行 人／陳偉祥
發　　行／北星圖書事業股份有限公司
地　　址／234新北市永和區中正路458號B1
電　　話／886-2-29229000
傳　　真／886-2-29229041
網　　址／www.nsbooks.com.tw
E－MAIL／nsbook@nsbooks.com.tw
劃撥帳戶／北星文化事業有限公司
劃撥帳號／50042987
製版印刷／皇甫彩藝印刷股份有限公司
出 版 日／2020 年 2 月
Ｉ Ｓ Ｂ Ｎ／978-957-9559-34-8
定　　價／600 元

如有缺頁或裝訂錯誤，請寄回更換。

Roro
手織
娃娃服

Roro 崔慧利

充滿回憶的手織娃娃服

小時候我有一個非常珍愛的人形娃娃。娃娃的衣服、包包、鞋子通通都有，每次玩娃娃遊戲時都很開心。

某一天，媽媽送了一個特別的禮物給我的人形娃娃。不管製作什麼東西都快速俐落的媽媽，從她手中一針一針織出很有女人味的編織花紋，一下子就織好一頂娃娃的帽子，那個樣子實在是太神秘了，感覺好像魔法一樣。收到美麗溫暖的手織娃娃帽之後，其他的娃娃衣服和配件我都看不上眼了。手織帽子緊緊地抓住我的心，於是我開始用手工編織來製作所有跟娃娃有關的東西。

回憶起手工編織，最先浮現的就是不斷地用小小的小手把打結的地方拆開再重新編織，開心地編織著娃娃服的小 Roro 的模樣。因為實在是太喜歡娃娃了，即使是已經長大成人的現在，我仍然覺得編織娃娃服的時候最幸福。我想和大家分享我的這份幸福，於是就出了這本書。

因為覺得棒針編織很難，所以連嘗試的念頭都沒有的人，只要和《Roro 手織娃娃服》一起，也能製作出娃娃的衣服。完整收錄了在我小時候那個各種手織材料不足的時代也能輕易完成娃娃服的編織方法。連最近想要編織娃娃服就必須要有的、很難買到的娃娃服專用鉤針都不需要。只要用編織手套或襪子的 3mm 棒針就夠了。本書包含了一張張有意義的步驟照片和圖案，所以請不用擔心。您將會體驗到不同於現存編織方法的簡單的娃娃服編織。只要擁有送給自己的娃娃漂亮衣服的小小勇氣就行了。如果準備好了，我們現在就開始吧！

Roro 崔慧利

MAKE

Girlish Look

p.34

p.32

p.24

Feminine Look

p.40

p.48

Boyish Look

p.54

p.63

Casual Look

p.68

p.72

BASIC

Modern Chic Look

p.87

p.80

p.92

p.84

Daily Look

p.102

p.98

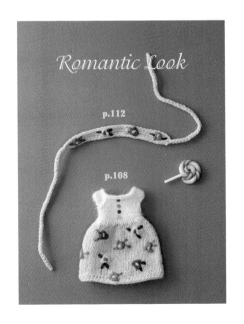

Romantic Look

p.112

p.108

Ladylike Look

p.120

p.116

Vintage Look

p.124

p.128

p.131

Floral Look

p.143

p.136

p.140

Party Look

p.155

p.148

p.152

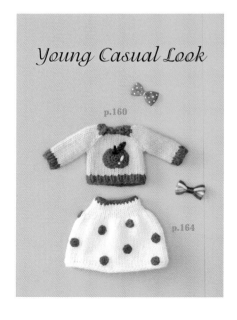

Young Casual Look

p.160

p.164

Wedding Look

p.170

Date Look

p.180

p.176

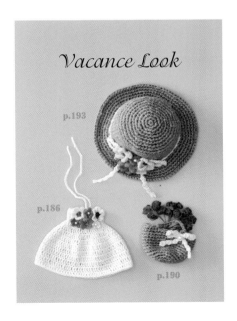

Vacance Look

p.193

p.186

p.190

Office Look

p.202

p.198

BASIC

編織工具和材料＆毛線

STEP 1 **編織工具和材料**

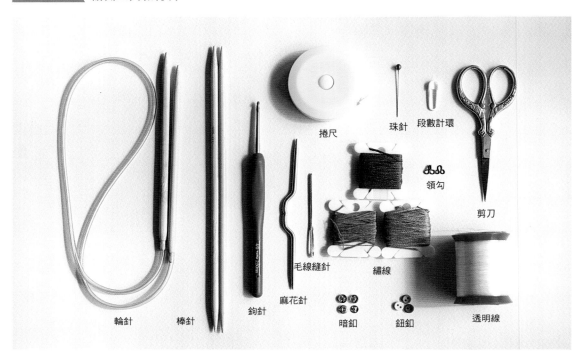

捲尺　　珠針　段數計環

領勾

剪刀

毛線縫針　　繡線

麻花針　　　　　　　　　透明線

輪針　　棒針　　鉤針　　　暗釦　　鈕釦

STEP 2 **毛線**

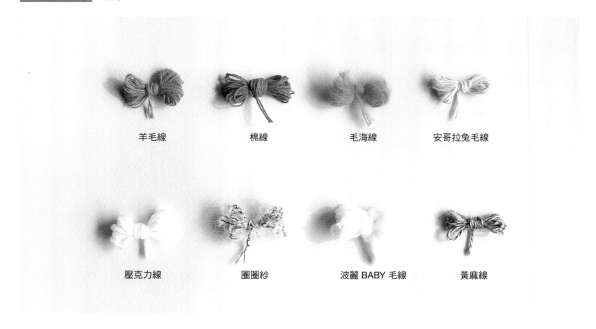

羊毛線　　棉線　　毛海線　　安哥拉兔毛線

壓克力線　　圈圈紗　　波麗 BABY 毛線　　黃麻線

棒針編織的基礎

STEP 1 起針

❶

拉扯這兩條線，
　將線圈拉緊。

❷

❸
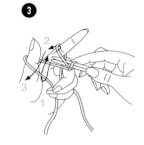

❹
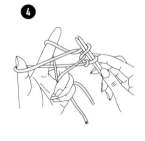

❺

❻

❼

❽

❾

形成第一段

STEP 2 基本棒針編織記號及編織方法

| 下針
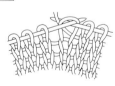 

— 上針
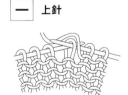 

左上兩針併一針

左上兩針併一針（上針）
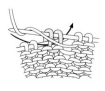 

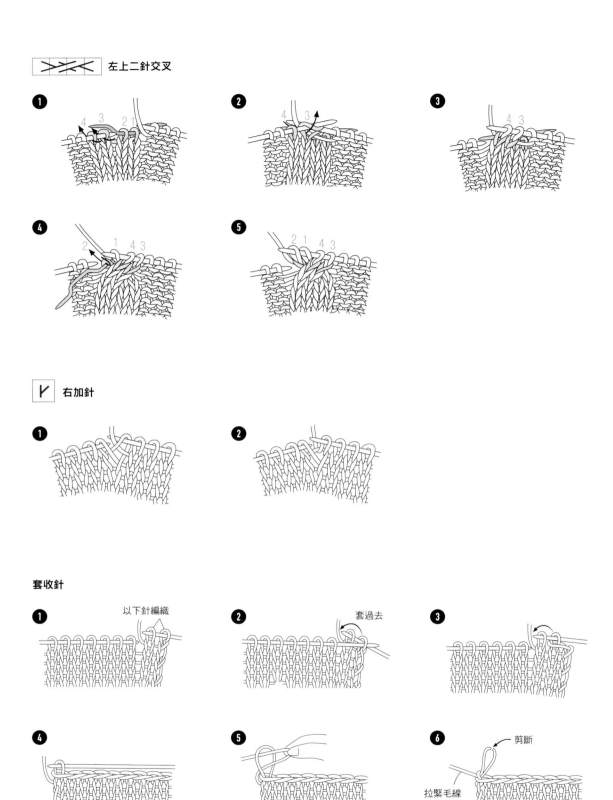

左上二針交叉

❶ ❷ ❸ ❹ ❺

右加針

❶ ❷

套收針

❶ 以下針編織 ❷ 套過去 ❸

❹ ❺ ❻ 剪斷

拉緊毛線

鉤針編織的基礎

STEP 1 起針

輪狀起針

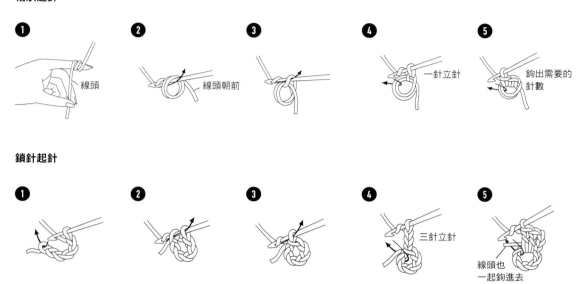

鎖針起針

STEP 2 基本鉤針編織記號及編織方法

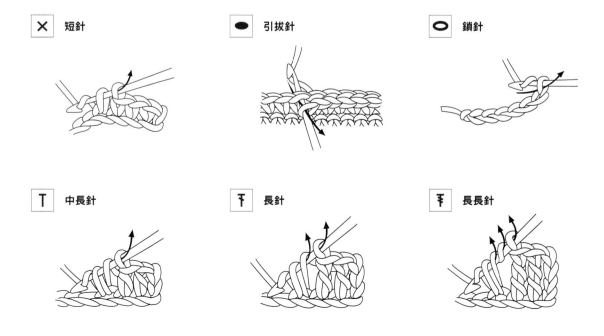

×	短針
●	引拔針
○	鎖針
T	中長針
⊤	長針
⊤	長長針

Ｉ 長針的條紋針

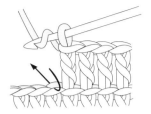

△ 2 短針併針

①

再鉤一針　未完成
的短針

②

兩針未完成的短針

穿過所有針目

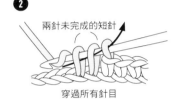

③

∨ 2 短針加針

①

在一個針目裡面再鉤兩針

②

Ｏ 中長針 3 針玉編

①

未完成的
中長針

②

三針未完成
的中長針

③

製作娃娃服的秘訣

 = STEP 1 （ω） 捲針

❶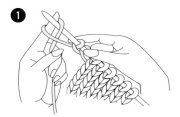

把線纏繞在左手,將需要的針數織在針上。

❷

織出三針捲針的樣子。

 = STEP 2 製作硬開的鈕眼

❶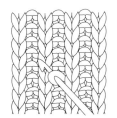

將針穿過鈕眼位置的針目。

❷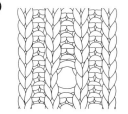

將針目往上下撐開,形成鈕釦可以進出的大小。

❸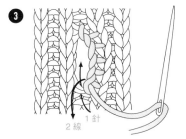

1針
2線

為了固定撐開的針目大小,要進行鈕眼繡。

❹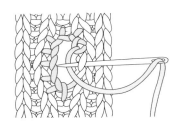

沿著編織物繞一圈進行鈕眼繡。

❺

將線頭收在內側,這樣就完成了。

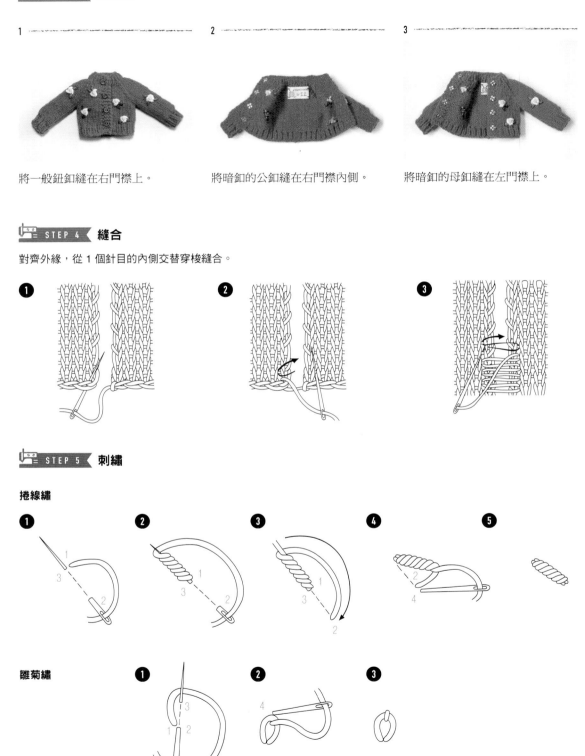

= STEP 3 ◀ 縫暗釦

1

將一般鈕釦縫在右門襟上。

2

將暗釦的公釦縫在右門襟內側。

3

將暗釦的母釦縫在左門襟上。

= STEP 4 ◀ 縫合

對齊外緣,從 1 個針目的內側交替穿梭縫合。

①

②

③

= STEP 5 ◀ 刺繡

捲線繡

① **②** **③** **④** **⑤**

雛菊繡 **①** **②** **③**

玫瑰花　　　　　　花

計算密度的方法

STEP 1　**所謂的密度是？**

密度（gauge）一般是指在邊長為 10cm 的正方形中包含的針數和段數。
由於密度會因為不同的編織者而有所不同，即使使用相同的線和針，完成的織片大小也會不太一樣。如果想要編織出跟本書作品一樣大小的作品，一定要先試著編織密度織片，然後調整針的粗細，使作品符合密度。

STEP 2　**計算方法**

1

2

用跟編織作品時一樣的技法，試著織出邊長為 10～20cm 的正方形織片。

為避免織片捲起來，請將織片燙平，然後計算邊長為 10cm 的正方形中包含的針數和段數。

STEP 3　**和本書指定的密度不一樣的時候**

當針數和段數比指定的密度還要少的時候→改用細 1～2 號的針重新編織。
當針數和段數比指定的密度還要多的時候→改用粗 1～2 號的針重新編織。

MAKE

想要看起來年輕一點的日子

Girlish Look

Ⓒ

👒 貝雷帽

Ⓐ

👜 黃色斜背包

Ⓑ

👗 彩虹迷你洋裝

約會的日子,因此想要看起來年輕一點的日子。
亮點是活潑的女人味。
用黃色斜背包來完成少女感穿搭。
完成青春風格的貝雷帽,真的是很有收藏價值的單品。

彩虹迷你洋裝

線	羊毛線（藍色 5g，淺粉紅色、黃色、橘色、淺紫色、藍綠色、粉紅色、紫色、淺綠色、紅色少許）
針	棒針 3mm、毛線專用鉤針 4 號、毛線縫針、壓線針
副材料	12mm 鈕釦 1 個、領勾 2 對、黃色繡線
完成尺寸	全長 8.5cm、袖長 2cm
密度	平編 32 針×44 段（10cm×10cm）

1

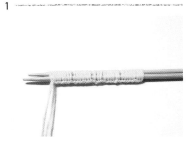

織出 34 針起針。

2

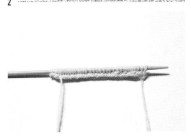

織出一段上針。第②段完成。

3

將黃色線末端留下 15cm 後剪斷。

4

掛上橘色線,然後編織下針。輕輕
地將兩條線綁在織片的邊緣。

5

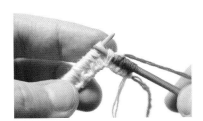

織出 4 個下針之後,將右針穿入下
面那一段的第 5 個針目。

6

把線掛到左針上,形成一個針目。

7

將右針穿入剛剛形成的針目。

8

將線掛上去,織出下針。

9

增加一針後,以下針織出第 5 個針
目。

用相同的方法增加針目，完成第③段。

織出一段上針。第④段完成。

用相同的方法增加針目，直到完成第⑧段。

織出 8 針下針。

再織出 2 針下針。

將左針穿入第 9 個針目。

將第 9 個針目套收在第 10 個針目上，並同時抽離左針。

再重複 12 次套收針。

用相同的方法完成第⑨段。

19

依照織圖一邊配色一邊織出平編，
直到完成第⑰段。

20

將針目分配到三支針上。

Tip 從第18段開始進行環狀編織

21

將針拿成三角形的形狀，然後織一
段下針。第⑱段完成。

22

織出 3 針下針。

23

將右針穿入下面那一段的第 4 個針
目。

24

把線掛到左針上，形成一個針目。

25

將右針穿入剛剛形成的針目。

26

將線掛上去，織出下針。

27

增加一針後，以下針織出第 4 個針
目。

28

用相同的方法增加針目，完成第⑲段。

29

進行平編，直到完成第㉞段。

30

織出 2 針下針。

31

將左針穿入第 1 個針目。

32

將第 1 個針目套收在第 2 個針目上，並同時抽離左針。

33

用相同的方法替所有的針目進行套收針。

34

將鉤針穿入第 1 個針目，然後鉤引拔針。

35

鉤 1 針鎖針。

36

鉤一段短針後，將針穿入一開始的那個針目，然後鉤引拔針。

37

裙子完成。

38

用淺粉紅色線在第①段上面鉤 15 針短針。

39

從第 16 針到第 19 針都鉤引拔針。

40

鉤 15 針短針。

41

利用毛線縫針整理線頭。

42

洋裝完成。

43

在洋裝背面縫上領勾。

44

縫上鈕釦。彩虹迷你洋裝完成。

A

彩虹迷你洋裝

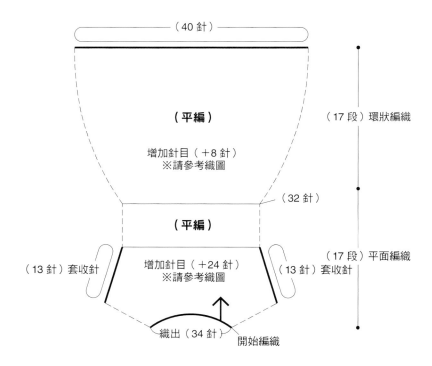

（40 針）

（平編）

增加針目（＋8 針）
※請參考織圖

（17 段）環狀編織

（32 針）

（平編）

（13 針）套收針

增加針目（＋24 針）
※請參考織圖

（13 針）套收針

（17 段）平面編織

織出（34 針）

開始編織

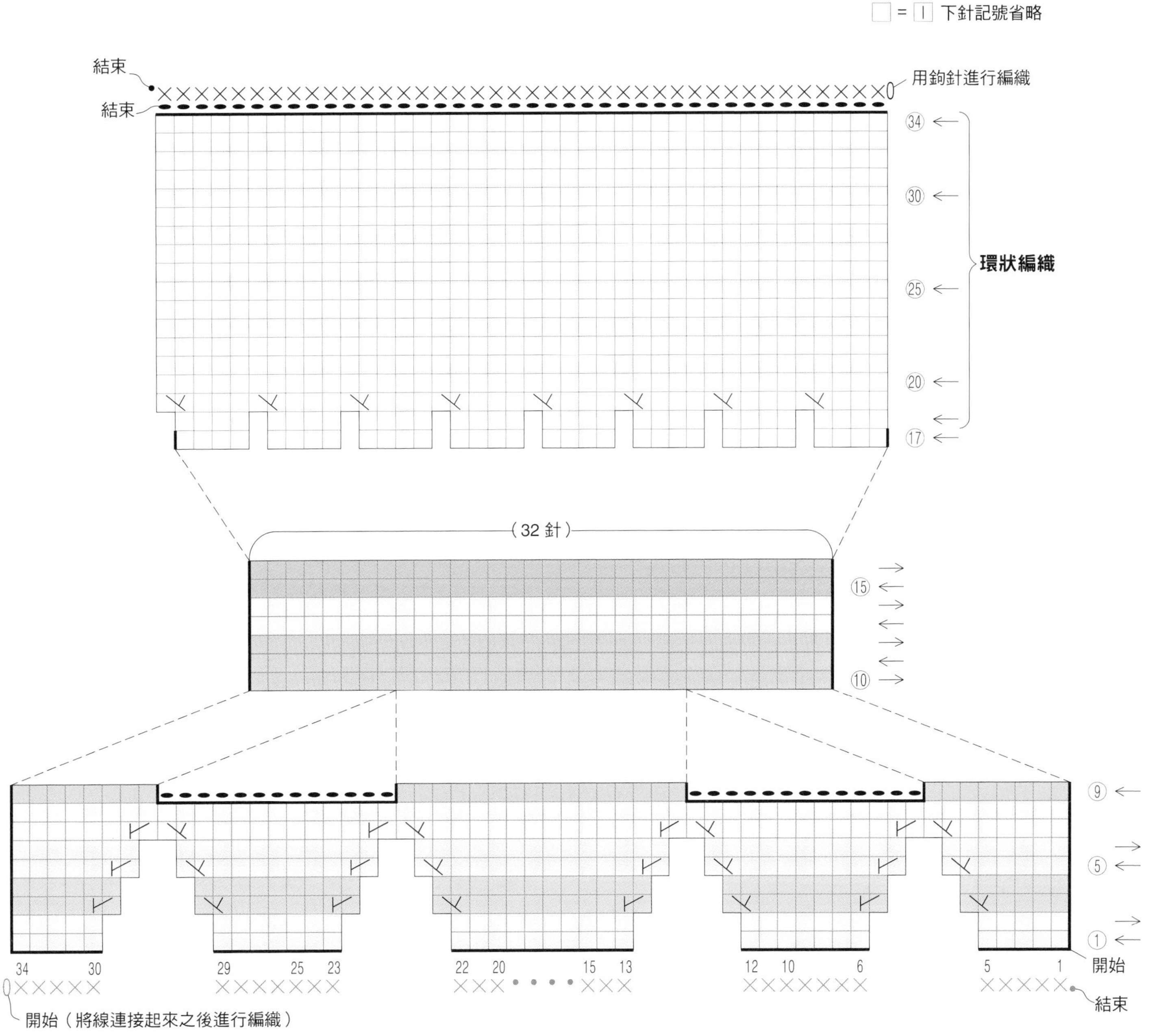

□ = | 下針記號省略
結束
結束
用鉤針進行編織
34
30
25
20
17
環狀編織
（32 針）
15
10
9
5
1
開始
34
30
29
25
23
22
20
15
13
12
10
6
5
1
結束
開始（將線連接起來之後進行編織）

Ⓑ

黃色斜背包

線	羊毛線（黃色 3g、藍色少許）
針	毛線專用鉤針 4 號、毛線縫針、壓線針
副材料	人造皮革帶 15cm、12mm 鈕釦 1 個、黃色繡線、透明線
完成尺寸	包包的高 3.5cm、寬 4cm，背帶長 13cm

1

依照織圖鉤出包包。

2

用藍色線依照織圖鉤出包包的開口
處。

3

縫上背帶。

4

縫上鈕釦。黃色斜背包完成。

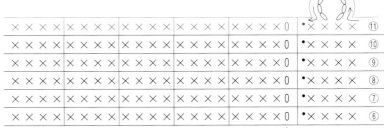

B

黃色斜背包

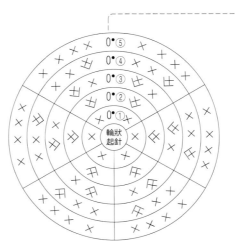

Ⓒ

貝雷帽

線	羊毛線（藍色 4g、黃色少許）
針	棒針 3mm、毛線縫針
完成尺寸	帽圍 14cm
密度	平編 32 針×44 段（10cm×10cm）

1

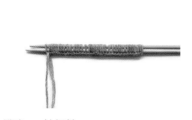

織出 36 針起針。

2

將針目分配到三支針上，以環狀編織進行編織，織出四段 1 目鬆緊編。

3

依照織圖增加針目，直到完成第⑨段。

4

織出兩段下針，依照織圖減少針目，直到完成第⑱段。

5

將線穿過剩下的針目，然後拉緊，將孔洞封住。

6

將線纏在手上，纏繞 40 次。

7

將纏好的線從中央綁緊，然後將兩側的線剪開。

8

將線修剪成圓球狀。

9

縫到帽子正中央。貝雷帽完成。

c

貝雷帽

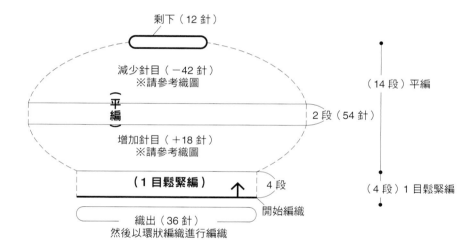

剩下（12 針）

減少針目（－42 針）
※請參考織圖

（平編）

2 段（54 針）

增加針目（＋18 針）
※請參考織圖

（1 目鬆緊編）

4 段

開始編織

織出（36 針）
然後以環狀編織進行編織

（14 段）平編

（4 段）1 目鬆緊編

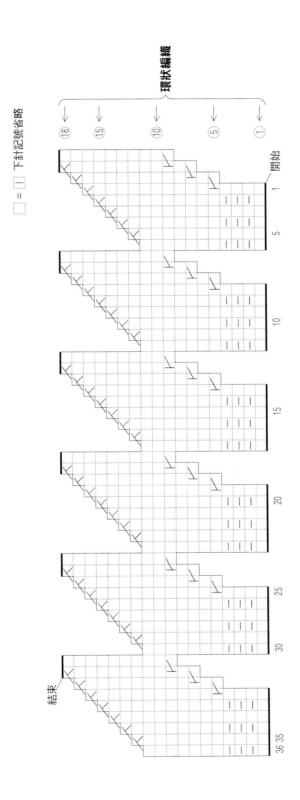

環状編織

⑱ ⑮ ⑩ ⑤ ①

□ = □ 下針記號省略

開始

結束

1 5 10 15 20 25 30 35 36

Ⓑ

Ⓐ   🏛 橫條紋洋裝

🏛 小外套

去聯誼的日子，試著呈現出充滿女人味及優雅的氛圍。

既文靜又優雅，只要是女人都會想要穿的風格。

用輕輕包覆住肩膀的小外套做出層次。

對了，不要忘了帶鏡子喔^^

橫條紋洋裝

線	安哥拉兔毛線（淺紫色 5g、白色 2g、灰色 3g）
針	棒針 3mm、毛線縫針、壓線針
副材料	6mm 藍色鈕釦 2 個、領勾 2 對、白色繡線、藍色繡線
完成尺寸	全長 9.5cm
密度	平編 32 針×44 段（10cm×10cm）、2 目鬆緊編 40 針×40 段（10cm×10cm）

1

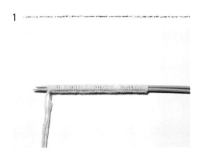

織出 56 針起針。

2

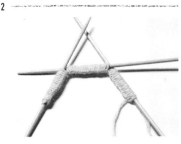

將針目分配到三支針上。

3

以環狀編織進行裙子的編織。

4

織出 2 目鬆緊編，直到完成第⑱段。

5

織出 2 針下針。

6

將右針從右邊一次穿入左針上的前面 2 針。

7

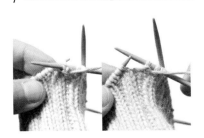

將線掛上去，織出上針。

8

用相同的方法完成第⑲段。

Tip 從第⑳段開始進行平面編織

9

依照 2 針上針、1 針下針的順序反覆編織成一段。

10

第20段完成。

11

織出 2 針下針。

12

將右針從左邊一次穿入左針上的前面 2 針。

13

將線掛上去，織出下針。

14

用相同的方法完成第21段。

15

織出一段下針。

16

第22段完成。

17

將淺紫色線末端留下 15cm 後剪斷。

18

掛上灰色線，然後編織下針。輕輕地將兩條線綁在織片的邊緣。

19

用灰色線進行編織，直到完成第24段，暫時將灰色線放著，用相同的方法掛上白色線，然後編織下針。

20

用白色線進行編織，直到完成第26段，然後用剛剛暫時放著的灰色線織出下一段。

21

依照織圖一邊配色一邊織出平編，直到完成第30段。

22

織出 7 針下針。

23

用左手纏繞線，織出 11 針捲針。

24

將右針穿入第 8 個針目。

25

將線掛上去，織出下針。

26

用相同的方法完成第31段。

27

織出 7 針上針。

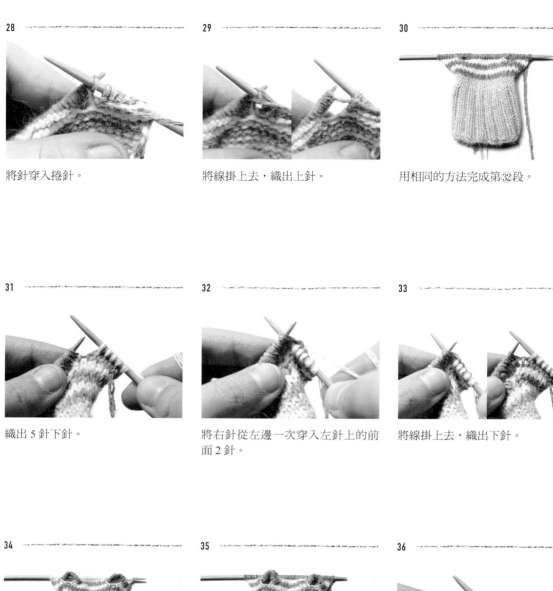

28

將針穿入捲針。

29

將線掛上去，織出上針。

30

用相同的方法完成第32段。

31

織出 5 針下針。

32

將右針從左邊一次穿入左針上的前面 2 針。

33

將線掛上去，織出下針。

34

用相同的方法完成第33段。

35

用相同的方法減少針目，直到完成第36段。

36

織出 2 針下針。

37

將左針穿入第1個針目。

38

將第 1 個針目套收在第 2 個針目上，並同時抽離左針。

39

用相同的方法替所有的針目進行套收針。洋裝完成。

40

在洋裝的背面縫上領勾。

41

縫上鈕釦。橫條紋洋裝完成。

A

横條紋洋裝

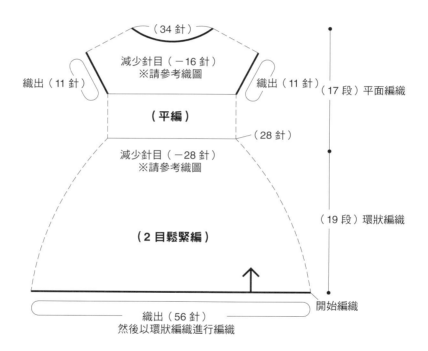

（34 針）

減少針目（－16 針）
※請參考織圖

織出（11 針）　　　　　　　　　　　　織出（11 針）

（17 段）平面編織

（平編）

（28 針）

減少針目（－28 針）
※請參考織圖

（19 段）環狀編織

（2 目鬆緊編）

開始編織

織出（56 針）
然後以環狀編織進行編織

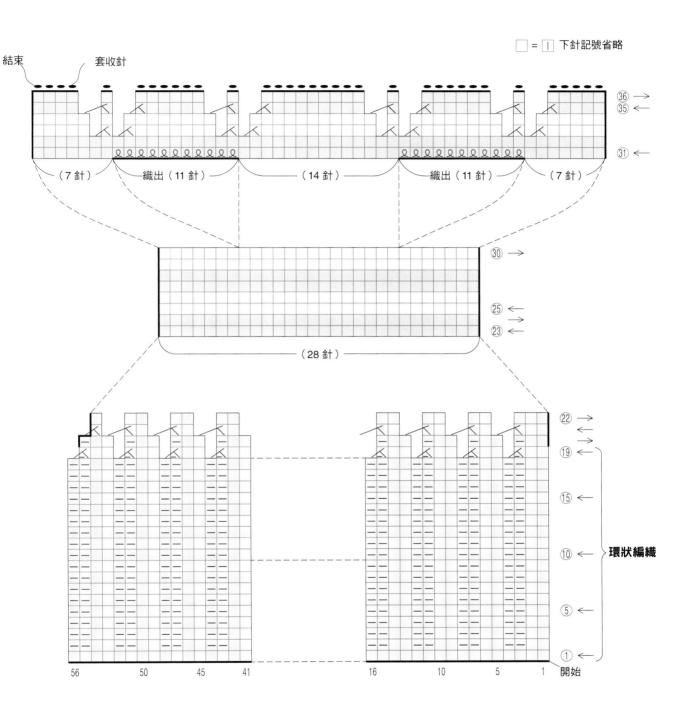

□ = | 下針記號省略

結束   套收針

（7針） 織出（11針） （14針） 織出（11針） （7針）

㉛ ←

㊱ →
㉟ ←

㉚ →

㉕ ←
→
㉓ ←

（28針）

㉒ →
←
→
⑲ ←

⑮ ←

⑩ ←   環狀編織

⑤ ←

① ←

56   50   45   41   16   10   5   1   開始

Ⓑ

小外套

線	安哥拉兔毛線（淺紫色 3g）
針	棒針 3mm、毛線縫針
完成尺寸	全長 4.5cm、袖長 3cm
密度	平編 32 針×44 段（10cm×10cm）

1

織出 18 針起針。

2

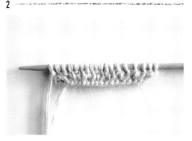

織出三段 1 目鬆緊編。

3

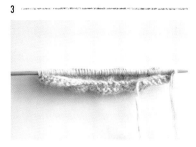

依照織圖增加針目,直到完成第⑬段。

4

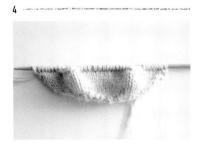

在第⑭段以套收針織出袖子。

5

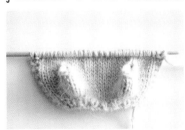

依照織圖織出起伏編和平編,直到完成第⑲段。

6

依照織圖織出兩段起伏編和 1 目鬆緊編,然後替所有的針目進行套收針。

7

利用毛線縫針整理線頭。小外套完成。

B

小外套

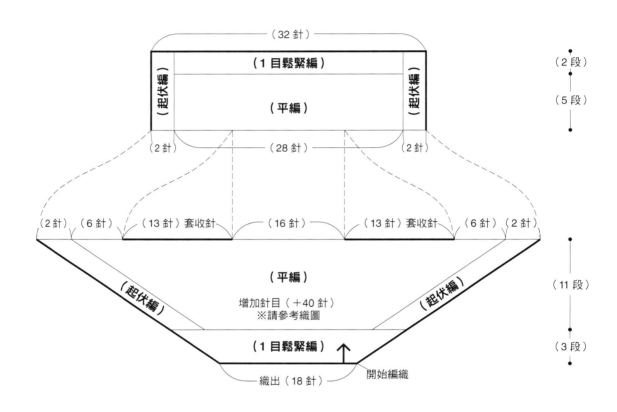

（32 針）

（1 目鬆緊編）

（起伏編） （平編） （起伏編）

（2 段）

（5 段）

（2 針） （28 針） （2 針）

（2 針） （6 針） （13 針）套收針 （16 針） （13 針）套收針 （6 針） （2 針）

（平編）

（起伏編） 增加針目（＋40 針）
※請參考織圖 （起伏編）

（11 段）

（1 目鬆緊編）

織出（18 針） 開始編織

（3 段）

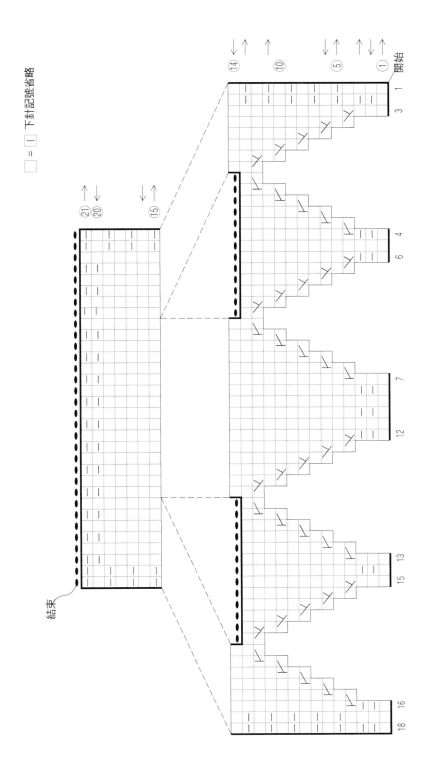

□ = | 下針記號省略

開始

① ③

⑤ ⑩ ⑭

結束

⑮ ⑳ ㉑

Ⓑ 凸 吊帶短褲

👕 基本 POLO 衫

Ⓐ

任何人都可以跟著穿的簡便穿搭，雖然是有點像小男孩的中性打扮，
但也是隱約帶著性感及可愛的風格。
基本 POLO 衫加上吊帶短褲的搭配非常可愛。
短褲上的粉紅色花朵鈕釦是亮點。

基本 POLO 衫

線	安哥拉兔毛線（白色 6g）
針	棒針 3mm、毛線縫針、壓線針
副材料	6mm 藍色鈕釦 2 個、藍色繡線
完成尺寸	全長 7cm、袖長 3.5cm
密度	平編 32 針×44 段（10cm×10cm）

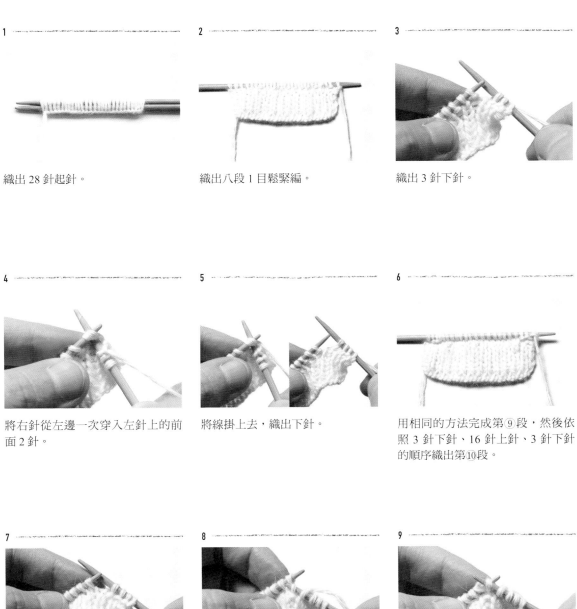

1

織出 28 針起針。

2

織出八段 1 目鬆緊編。

3

織出 3 針下針。

4

將右針從左邊一次穿入左針上的前面 2 針。

5

將線掛上去,織出下針。

6

用相同的方法完成第⑨段,然後依照 3 針下針、16 針上針、3 針下針的順序織出第⑩段。

7

織出 4 針下針。

8

將右針穿入下面那一段的第 5 個針目。

9

把線掛到左針上,形成一個針目。

10

將右針穿入剛剛形成的針目。

11

將線掛上去，織出下針。

12

增加一針後，以下針織出第 5 個針目。

13

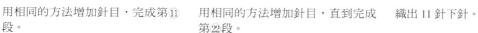

用相同的方法增加針目，完成第⑪段。

14

用相同的方法增加針目，直到完成第㉒段。

15

織出 11 針下針。

16

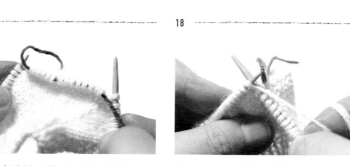

將穿入別線的毛線縫針從第 12 個針目穿到第 24 個針目。

17

完成左邊袖子的（13 針）休針。

18

織出 18 針下針，然後織出右邊袖子的（13 針）休針，接著再織出 11 針下針。第㉓段完成。

19

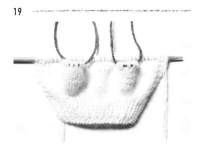

依照 3 針下針、34 針上針、3 針下針的順序織出第24段。

20

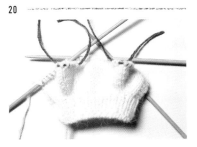

織出一段下針，將針目分配到三支針上。第25段完成。

21

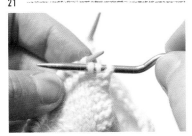

將第 1 個針目到第 3 個針目移到麻花針上。

22

將第 40 個針目移到左針上。

23

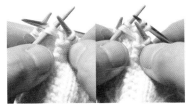

將移到麻花針上的第 3 個針目移到左針上。

24

將第 39 個針目移到左針上。

25

將移到麻花針上的第 2 個針目移到左針上。

26

將第 38 個針目移到左針上。

27

將移到麻花針上的第 1 個針目移到左針上。

28

完成針目合併。

29

將合併的針目移到右針上。

30

將線翻到後面。

31

將針穿入第 4 個針目。

32

將線掛上去，織出下針。

33

再織出 33 針下針。

34

將右針從左邊一次穿入左針上合併
過的那 2 針。

35

將線掛上去，織出下針。

36

用相同的方法再織出 2 個下針。
Tip 從第 26 段開始進行環狀編織

37

第㉖段完成。

38

進行平編，直到完成第㉟段。

39

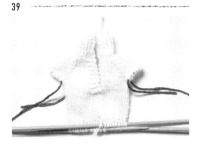

依照織圖織出三段 1 目鬆緊編。第㊳段完成。

40

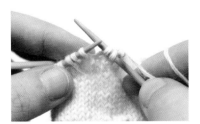

織出 1 針下針、1 針上針。

41

將左針穿入第 1 個針目。

42

將第 1 個針目套收在第 2 個針目上，並同時抽離左針。

43

用相同的方法替所有的針目進行套收針。衣身完成。

44

將別線抽掉，將針目分配到三支針上，然後從衣身上挑起 2 針。

45

織出兩段 1 目鬆緊編。

46

替所有的針目進行套收針。左邊袖子完成。

47

用相同的方法編織右邊袖子。

48

利用毛線縫針整理線頭。

49

縫上鈕釦並製作硬開的釦眼。

`Tip` 硬開的釦眼製作方法 p.17

50

基本 POLO 衫完成。

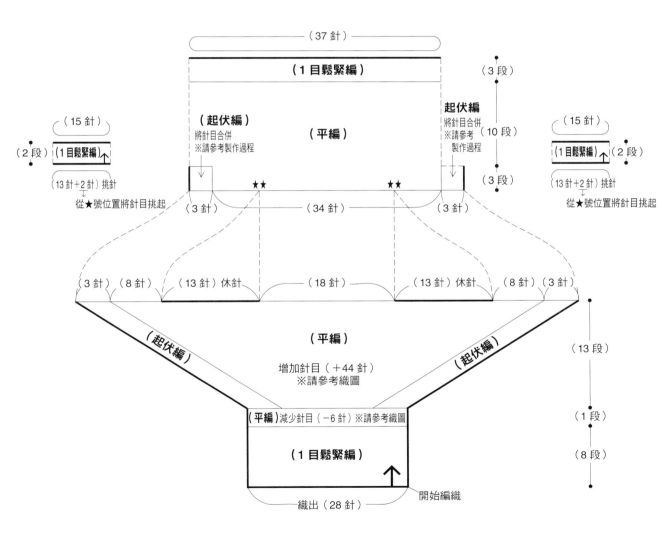

（37 針）

（1 目鬆緊編）

（3 段）

（15 針）

（起伏編）
將針目合併
※請參考製作過程

起伏編
將針目合併
※請參考
製作過程

（10 段）

（15 針）

（2 段）

（1 目鬆緊編）

（平編）

（1 目鬆緊編）

（2 段）

（13 針 +2 針）挑針

從★號位置將針目挑起

（3 段）

（13 針 +2 針）挑針

從★號位置將針目挑起

（3 針）

★★

（34 針）

★★

（3 針）

（3 針）（8 針）

（13 針）休針

（18 針）

（13 針）休針

（8 針）（3 針）

（起伏編）

（平編）

增加針目（＋44 針）
※請參考織圖

（起伏編）

（13 段）

（平編）減少針目（－6 針）※請參考織圖

（1 段）

（1 目鬆緊編）

（8 段）

開始編織

織出（28 針）

□ = | 下針記號省略

環狀編織 ②① →←

左邊袖子

(13針＋2針) 挑針
從★號位置將針目挑起

環狀編織 ㊳ →← ㉟ →← ㉚ →← ㉕ →← ㉓ →←

※請參考製作過程
將針目合併

(40針)

結束

環狀編織 ②① →←

右邊袖子

※請參考製作過程
將針目合併

左邊袖子 (13針) 休針

右邊袖子 (13針) 休針

㉒ →← ⑳ →← ⑮ →← ⑩ →←

⑨ →← ⑤ →← ① →←

開始

1

5

10

15

20

25

28

(13針＋2針) 挑針
從★號位置將針目挑起

Ⓑ
吊帶短褲

線	羊毛線（藍色 6g、粉紅色少許）
針	棒針 3mm、毛線專用鉤針 4 號、毛線縫針、壓線針
副材料	6mm 藍色鈕釦 2 個、粉紅色繡線
完成尺寸	全長 6.5cm
密度	平編 32 針×44 段（10cm×10cm）

1

織出 36 針起針。

2

將針目分配到三支針上,以環狀編織進行編織,織出四段 1 目鬆緊編。

3

依照織圖於第⑥段增加針目,然後進行平編,直到完成第⑱段。

4

將別線穿過左褲管的針目,然後放著當作休針。

5

將針目分配到三支針上,以環狀編織進行編織,織出右褲管。

6

用相同的方法編出左褲管,接著利用毛線縫針整理線頭。

7

利用鉤針依照織圖鉤出吊帶。

8

依照織圖鉤出兩朵花。

9

將花縫到短褲上,然後縫上鈕釦。吊帶短褲完成。

B

吊帶短褲

（19 針）

（1目鬆緊編）

（平編）

減少針目（－6針）※請參考織圖

（24針+1針）挑針

（19 針）

（1目鬆緊編）

（平編）

減少針目（－6針）※請參考織圖

（24針+1針）挑針

（2 段）

（7 段）

●＝用「捲加針」織出 1 針
○＝從「捲加針」挑出 1 針

（12 針）　　（12 針）

（12 針）　　（12 針）

（48 針）

（平編）

增加針目（＋12 針）

※請參考織圖

（1 目鬆緊編）↑

開始編織

織出（36 針）

然後以環狀編織進行編織

（14 段）

（4 段）

花 2 朵

開始　　結束

②

①

輪狀
起針

□＝[I] 下針記號省略

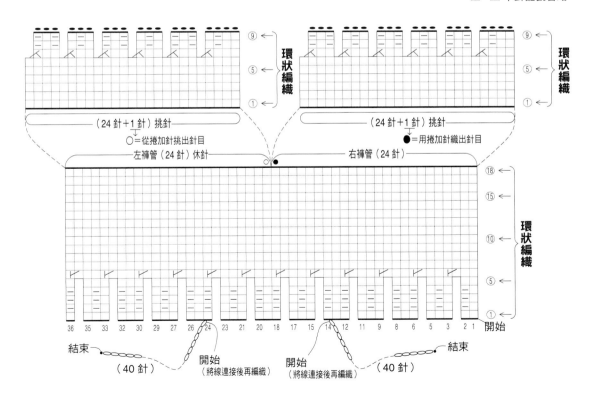

（9）←

（5）←

（1）←

環狀編織

（9）←

（5）←

（1）←

環狀編織

（24 針+1 針）挑針

○＝從捲加針挑出針目

（24 針+1 針）挑針

●＝用捲加針織出針目

左褲管（24 針）休針

右褲管（24 針）

（18）←

（15）←

（10）←

（5）←

（1）←

環狀編織

36 35 33 32 30 29 27 26 24 23 21 20 18 17 15 14 12 11 9 8 6 5 3 2 1

開始

結束

（40 針）

開始
（將線連接後再編織）

開始
（將線連接後再編織）

（40 針）

結束

Dolls Coordination Recipe

4

雖然舒適且平常，但是又不失女人味的穿搭

Casual Look

⇧ 基本高領針織上衣 ↖

Ⓐ

Ⓑ

🔔 吊帶裙 🦋

吊帶裙可以在脖子後面綁一個蝴蝶結。雖然是平常且舒適的風格，
但是因為有可愛的細節，所以還是能自然地流露出女人味。牛仔裙是休閒的單品。
無論穿上哪一件 T 恤，都能完成休閒的風格。
試著和簡單的休閒鞋一起搭配看看。

基本高領針織上衣

線	羊毛線（灰色 4g）、安哥拉兔毛線（白色 3g）
針	棒針 3mm、毛線縫針、壓線針
副材料	領勾 1 對、白色繡線
完成尺寸	全長 9cm、袖長 6.5cm
密度	平編 32 針×44 段（10cm×10cm）

1

織出 18 針起針。

2

織出十段 1 目鬆緊編。

3

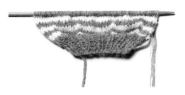

依照織圖增加針目，直到完成第㉒段。

4

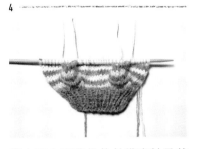

藉由穿入別線的休針織出袖子基底。

5

將針目分配到三支針上，以環狀編織進行編織，織出衣身。

6

將針目分配到三支針上，以環狀編織進行編織，織出袖子。

7

利用毛線縫針整理線頭，然後在高領針織上衣背面縫上領勾。

8

基本高領針織上衣完成。

A

基本高領針織上衣

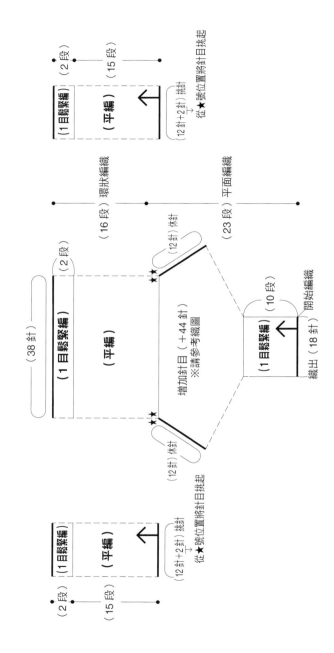

（2 段）

（1 目鬆緊編）

（平編）

（15 段）

（12 針＋2 針）挑針

從★號位置將針目挑起

（16 段）環狀編織

（23 段）平面編織

（38 針）

（1 目鬆緊編）

（2 段）

（平編）

（12 針）休針

★

增加針目（＋44 針）

※請參考織圖

（1 目鬆緊編）

（10 段）

開始編織

織出（18 針）

（12 針）休針

★

從★號位置將針目挑起

（12 針＋2 針）挑針

（1 目鬆緊編）

（平編）

（2 段）

（15 段）

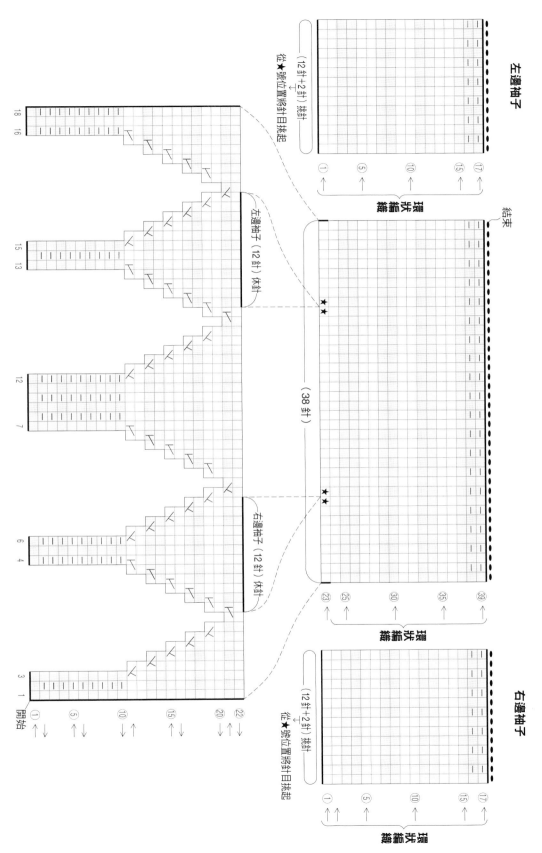

左邊袖子

右邊袖子

□ = □ 下針記號省略

Ⓑ

吊帶裙

線	羊毛線（藍色 6g）
針	棒針 3mm、毛線專用鉤針 4 號、毛線縫針、壓線針
副材料	8mm 木頭鈕釦 2 個、領勾 1 對、褐色繡線、藍色繡線
完成尺寸	全長 6cm
密度	平編 32 針×44 段（10cm×10cm）

1

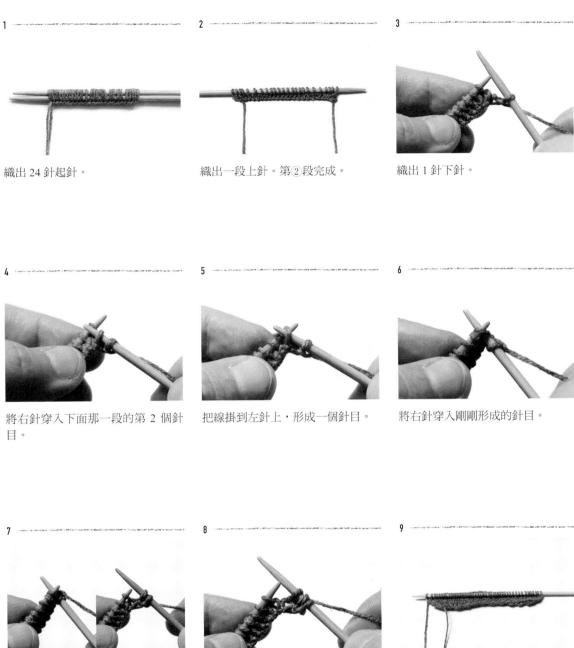

織出 24 針起針。

2

織出一段上針。第②段完成。

3

織出 1 針下針。

4

將右針穿入下面那一段的第 2 個針目。

5

把線掛到左針上，形成一個針目。

6

將右針穿入剛剛形成的針目。

7

將線掛上去，織出下針。

8

增加一針後，以下針織出第 2 個針目。

9

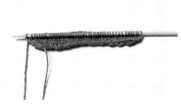

用相同的方法增加針目，直到完成第⑤段。

10

將針目分配到三支針上。

11

從第⑥段開始進行環狀編織。

12

進行平編，直到完成第⑱段。

13

織出兩針下針。

14

將左針穿入第 1 個針目。

15

將第 1 個針目套收在第 2 個針目上，並同時抽離左針。

16

用相同的方法替所有的針目進行套收針。

17

將鉤針穿入第 1 個針目，然後鉤引拔針。

18

鉤 1 針鎖針。

19

鉤一段短針後，將針穿入一開始的那個針目，然後鉤引拔針。

20

裙子完成。

21

用鉤針在裙子的第①段上面鉤兩段短針。

22

腰部完成。

23

鉤 1 針鎖針。

24

將針穿入第 1 個針目，然後鉤引拔針。

25

再鉤 7 針引拔針。

26

鉤 36 針鎖針。

27

鉤 35 針短針。

28

用相同的方法完成吊帶。

29

利用毛線縫針整理線頭。

30

在裙子背面縫上領勾。

31

縫上鈕釦。吊帶裙完成。

B

吊帶裙

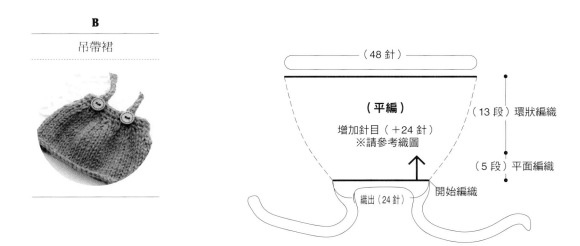

（48 針）

（平編）

增加針目（＋24 針）
※請參考織圖

織出（24 針）　　開始編織

（13 段）環狀編織

（5 段）平面編織

□ = | 下針記號省略

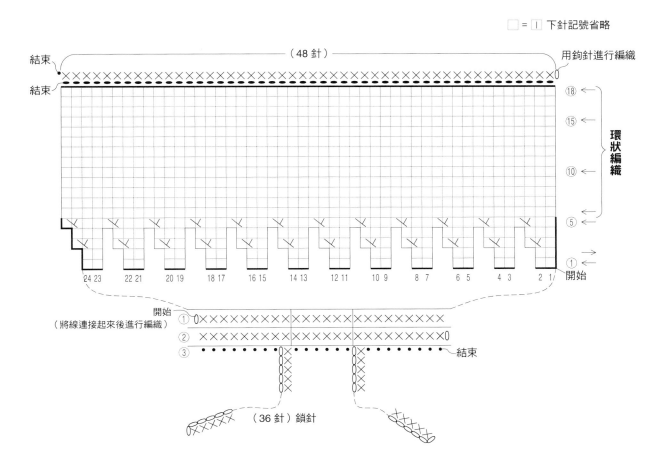

結束　　　　　　　　　　　　（48 針）　　　　　　　用鉤針進行編織

結束

環狀編織

⑱
⑮
⑩
⑤
①　開始

24 23　　22 21　　20 19　　18 17　　16 15　　14 13　　12 11　　10 9　　8 7　　6 5　　4 3　　2 1

開始
（將線連接起來後進行編織）

① ○
②　　　　　　　　　　　　　　　　　　　　　　　　○
③ • • • • • • • • • • • • • • • •　　結束

（36 針）鎖針

雖然可愛，但是又很時尚高冷
Modern Chic Look

⌒毛球帽 ↙

Ⓒ

⬆羊咩咩高領針織上衣 🌿 ⤵

Ⓐ

Ⓓ

🎗麻花圍巾

Ⓑ

🧤羊咩咩襪套

米駝色和咖啡色的組合，給人一種文靜又知性的感覺。
羊咩咩在此充分地發揮了雖然可愛但是不幼稚的亮點作用。
完美地消化了摩登時尚穿搭。

羊咩咩高領針織上衣

線	羊毛線（淺米駝色 9g、深米駝色 4g）、毛海線（白色 2g）
針	棒針 3mm、毛線專用鉤針 4 號、毛線縫針、壓線針
副材料	領勾 1 對、米駝色繡線、黑色繡線
完成尺寸	全長 10cm、袖長 6.5cm
密度	平編 32 針×44 段（10cm×10cm）

1

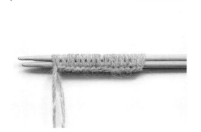

織出 18 針起針。

2

織出十段 1 目鬆緊編。

3

依照織圖增加針目，直到完成第㉒段。

4

藉由穿入別線的休針織出袖子基底。

5

將針目分配到三支針上，以環狀編織進行編織，織出衣身。

6

衣身完成。

7

將針目分配到三支針上，以環狀編織進行編織，織出袖子。

8

袖子完成。

9

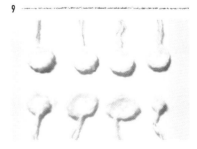

依照織圖鉤出 8 隻羊。

利用毛線縫針整理線頭，然後將羊縫到高領針織上衣下方。

繡出羊臉和羊腳，然後在高領針織上衣背面縫上領勾。

羊咩咩高領針織上衣完成。

A

羊咩咩高領針織上衣

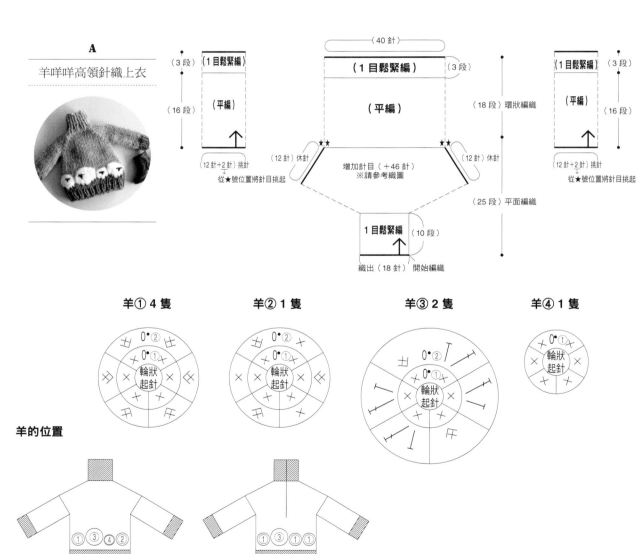

（3 段）（1目鬆緊編）
（16 段）（平編）
（12針+2針）挑針
從★號位置將針目挑起

（40 針）
（1目鬆緊編）（3 段）
（平編）
（12針）休針　增加針目（＋46針）※請參考織圖　（12針）休針
（18 段）環狀編織
（25 段）平面編織
1目鬆緊編（10 段）
織出（18針）開始編織

（3 段）（1目鬆緊編）
（平編）（16 段）
（12針+2針）挑針
從★號位置將針目挑起

羊① 4 隻　　　　**羊② 1 隻**　　　　**羊③ 2 隻**　　　　**羊④ 1 隻**

0•②　0•①　輪狀起針

0•②　0•①　輪狀起針

0•②　0•①　輪狀起針

0•①　輪狀起針

羊的位置

①③④②
〈前〉

①③①①
〈後〉

左邊袖子

（12針＋2針）挑針
從★號位置將針目挑起

結束

環狀編織

①　⑤　⑩　⑮　⑲

（40針）

左邊袖子（12針）休針

★★

18　16　15　13　12　7

右邊袖子（12針）休針

★★

6　4　3　1
開始

①　⑤　⑩　⑮　⑳　㉒

㉓　㉕　㉚　㉟　㊵　㊸

環狀編織

右邊袖子

（12針＋2針）挑針
從★號位置將針目挑起

環狀編織

①　⑤　⑩　⑮　⑲

□ ＝ □　下針記號省略

Ⓑ

羊咩咩襪套

線	羊毛線（淺米駝色 4g、深米駝色少許）、毛海線（白色少許）
針	棒針 3mm、毛線專用鉤針 4 號、毛線縫針、壓線針
副材料	黑色繡線
完成尺寸	全長 5.5cm
密度	平編 32 針×44 段（10cm×10cm）

1

織出 16 針起針。

2

將針目分配到三支針上,以環狀編織進行編織,織出三段 1 目鬆緊編。

3

進行平編,直到完成第16段。

4

換成深米駝色線,織出四段平編,然後織出三段 1 目鬆緊編。襪套完成。

5

用相同的方法再織出一個襪套。

6

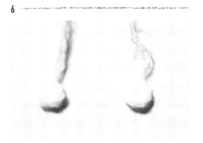

依照織圖鉤出 2 隻羊。

7

將羊縫到襪套上方,然後繡出羊臉和羊腳。羊咩咩襪套完成。

B

羊咩咩襪套

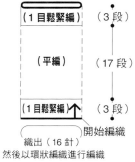

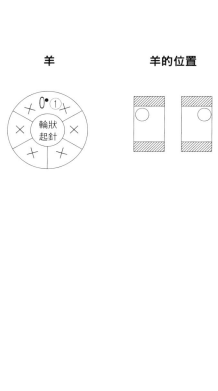

（1目鬆緊編） （3段）

（平編） （17段）

（1目鬆緊編） （3段）

開始編織

織出（16針）

然後以環狀編織進行編織

□ = □ 下針記號省略

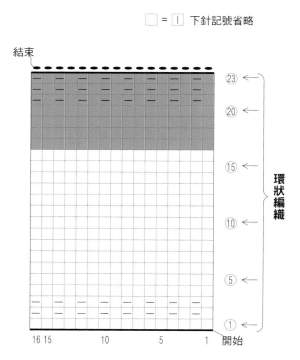

結束

㉓ ←

⑳ ←

⑮ ←

⑩ ←

⑤ ←

① ←

環狀編織

16 15　　10　　　5　　　1　開始

羊

0 •①

輪狀
起針

羊的位置

Ⓒ

毛球帽

線	安哥拉兔毛線（白色 15g）、羊毛線（深米駝色 10g）
針	棒針 5mm、毛線縫針
完成尺寸	頭圍 19cm（在自然平放的狀態下測量出來的尺寸）
密度	2 目鬆緊編 28 針×27 段（10cm×10cm）

1

織出 52 針起針。

2

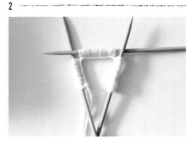

將針目分配到三支針上。

3

以環狀編織進行帽子的編織。

4

織出 2 目鬆緊編,直到完成第㉖段。

5

將右針從左邊一次穿入左針上的前面 2 針。

6

將線掛上去,織出下針。

7

將右針從右邊一次穿入左針上的前面 2 針。

8

將線掛上去,織出上針。

9

用相同的方法完成第㉗段。

10

看著織片的內側，用毛線縫針將掛在棒針上的最後一段的下針針目串起來。

11

串完一圈的樣子。

12

串第二圈的時候，要看著織片的外側，將第一圈沒串的針目串起來。

13

所有的針目都用毛線縫針串起來之後，將棒針抽離。

14

拉緊串在內側的線，將孔洞封住。

15

接著抓好線頭，再將第二圈的線也確實拉緊，然後將線頭穿入中央的孔洞，並往內側拉。

16

用毛線縫針在最後一段針目的 2 個針目上打結。

17

將線頭藏進織片裡。

18

帽子完成。

19

將線纏在手上，纏繞 60 次。

20

將纏好的線從中央綁緊。

21

將兩側的線剪開。

22

將線修剪成圓球狀。

23

縫到帽子正中央。

24

在內側打結及收尾。

25

毛球帽完成。

c

毛球帽

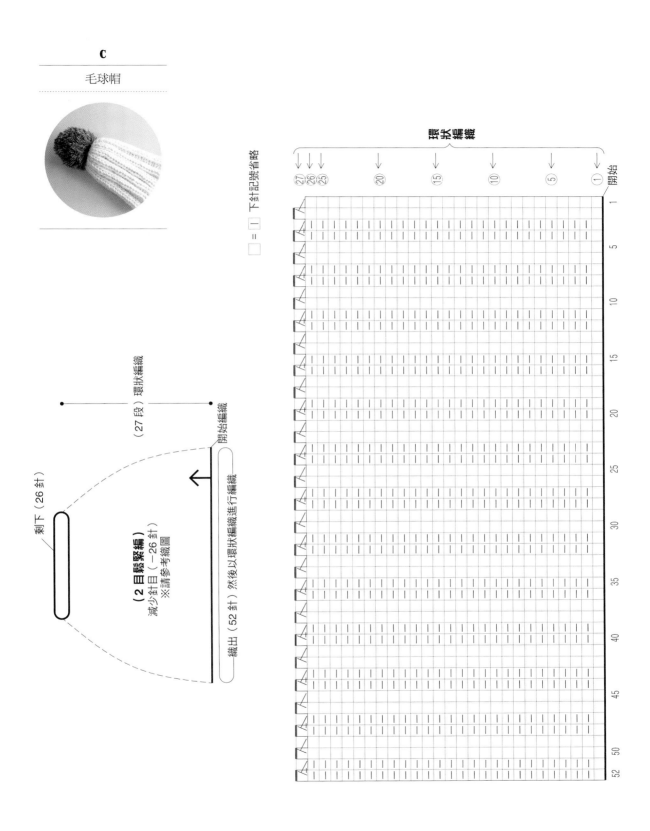

環狀編織

□ = | 下針記號省略

剩下（26針）

（27段）環狀編織

（2目鬆緊編）
減少針目（−26針）
※請參考織圖

織出（52針）然後以環狀編織進行編織

開始編織

Ⓓ
麻花圍巾

線	安哥拉兔毛線（白色 5g）
針	棒針 3mm、毛線縫針
完成尺寸	長 31.5cm、寬 2.8cm

1

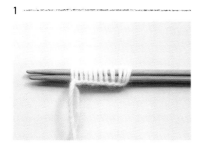

織出 12 針起針。

2

織出四段 1 目鬆緊編。

3

依照織圖織出下針和上針，直到完成第⑥段。

4

織出 2 針下針、2 針上針。

5

將第 5 個針目和第 6 個針目移到麻花針上。

6

將麻花針放到織片後面，然後將右針穿入第 7 個針目，織出下針。

7

接著將右針穿入第 8 個針目，織出下針。

8

用左手抓住放在後面的麻花針，將右針穿入麻花針上的第 1 個針目，織出下針。

9

接著將右針穿入麻花針上的第 2 個針目，織出下針。

10

織出 2 針上針、2 針下針。第⑦段完成。

11

依照織圖織出下針和上針，直到完成第⑫段。

12

用相同的方法織出交叉針。第⑬段完成。

13

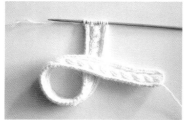

用相同的方法繼續織下去，直到完成第⑬⑤段。

14

織出三段 1 目鬆緊編。

15

織出 1 針下針、1 針上針。

16

將左針穿入第 1 個針目。

17

將第 1 個針目套收在第 2 個針目上，並同時抽離左針。

18

用相同的方法替所有的針目進行套收針，然後將線末端留下 15cm 後剪斷，繞成一個線圈後拉緊。

利用毛線縫針整理線頭。麻花圍巾
完成。

□ = Ｉ 下針記號省略

D

麻花圍巾

結束

●—（12針）套收針—●

| （1目鬆緊編） | （3段） |

（麻花編）

（131段）

| （1目鬆緊編） | （4段） |

●—織出（12針）—●

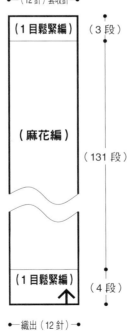

(138) →

(135) ←

(130) →

(125) ←

(23)～(124)

(22) →
(20) →

(15) →

(10) ←

(5) →

(1) →
    ←

12 10 5 1 開始

Dolls Coordination Recipe

6

看似平淡但很特別

Daily Look

Ⓑ

横條紋精靈帽

Ⓐ

👕 横條紋長版 T 恤

條紋圖案是日常單品中不可或缺的設計。

橫條紋長版 T 恤可以活用成短洋裝，也可以搭配緊身褲。

試著用簡單的日常穿搭來散發魅力。

橫條紋長版 T 恤

線	安哥拉兔毛線（白色 6g）、羊毛線（淺粉紅色 4g）
針	棒針 3mm、毛線縫針、壓線針
副材料	領勾 1 對、白色繡線
完成尺寸	全長 13cm、袖長 6.5cm
密度	平編 32 針×44 段（10cm×10cm）

1

織出 18 針起針。

2

織出十段 1 目鬆緊編。

3

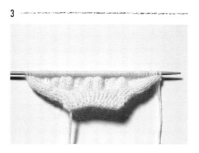

依照織圖增加針目，直到完成第㉒段。

4

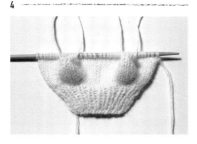

藉由穿入別線的休針織出袖子基底。

5

將針目分配到三支針上，以環狀編織進行編織，織出衣身。

6

將針目分配到三支針上，以環狀編織進行編織，織出袖子。

7

利用毛線縫針整理線頭，然後在長版 T 恤背面縫上領勾。

8

橫條紋長版 T 恤完成。

A

橫條紋長版 T 恤

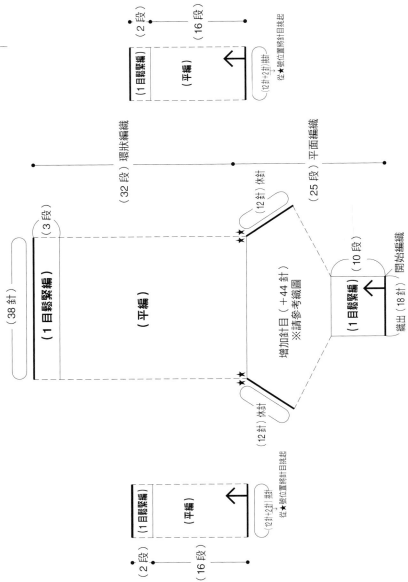

（2 段）

（16 段）

（1 目鬆緊編）

（平編）

（12 針＋2 針）撿針

從★號位置將針目挑起

（32 段）環狀編織

（25 段）平面編織

（3 段）

（38 針）

（1 目鬆緊編）

（平編）

（12 針）休針

增加針目（＋44 針）

※請參考織圖

（12 針）休針

（10 段）

（1 目鬆緊編）

開始編織

織出（18 針）

（2 段）

（16 段）

（1 目鬆緊編）

（平編）

（12 針＋2 針）撿針

從★號位置將針目挑起

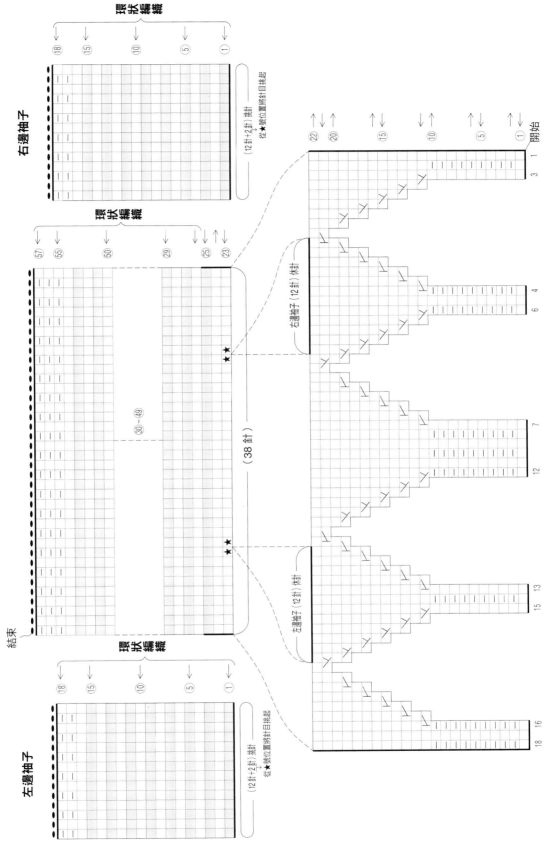

□ = 田 下針記號省略

右邊袖子

環狀編織

⑱ ⑮ ⑩ ⑤ ①

（12針＋2針）挑針
從號位置將帶針目挑起

環狀編織

㊼ ㊻ ㊿ ㉙ ㉕ ㉓

⑳～㊾

（38針）

結束

右邊袖子（12針）休針

★★

左邊袖子（12針）休針

★★

開始

㉒ ⑳ ⑮ ⑩ ⑤ ①

1 3 6 7 12 13 15 16 18

環狀編織

左邊袖子

⑱ ⑮ ⑩ ⑤ ①

（12針＋2針）休針
從★號位置將帶針目挑起

— 101 —

B

橫條紋精靈帽

線	安哥拉兔毛線（白色 8g）、羊毛線（淺粉紅色 6g）
針	棒針 3mm、毛線縫針
完成尺寸	頭圍 19cm
密度	平編 32 針×44 段（10cm×10cm）

1

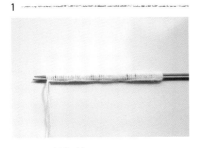

織出 70 針起針。

2

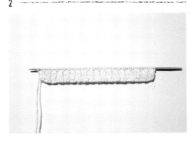

織出七段 2 目鬆緊編。

3

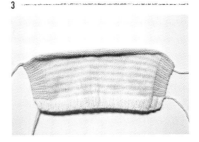

依照織圖織出起伏編和平編，直到完成第⑫段。

4

將第⑫段的第 1 個針目和第 70 個針目疊合並縫合。

5

分別在第①段的第 1 個針目和第 70 個針目穿過三條線，每條線對摺成兩股線，然後編成約 15cm 長的辮子，製造出帽繩。

6

橫條紋精靈帽完成。

B

横條紋精靈帽

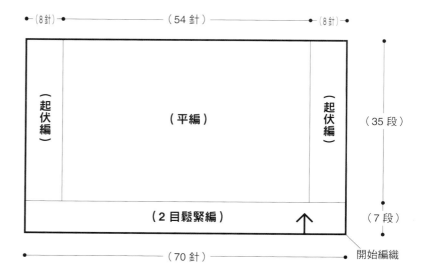

```
              •(8針)•  •————(54針)————•   •(8針)•
          ┌──────┬─────────────────────┬──────┐  ↑
          │      │                     │      │
          │(起   │                     │(起   │
          │ 伏   │      (平編)          │ 伏   │ (35段)
          │ 編)  │                     │ 編)  │
          │      │                     │      │  ↓
          ├──────┴─────────────────────┴──────┤  ↑
          │        (2目鬆緊編)           ↑     │ (7段)
          └───────────────────────────────────┘  ↓
              •————————(70針)————————•      └→開始編織
```

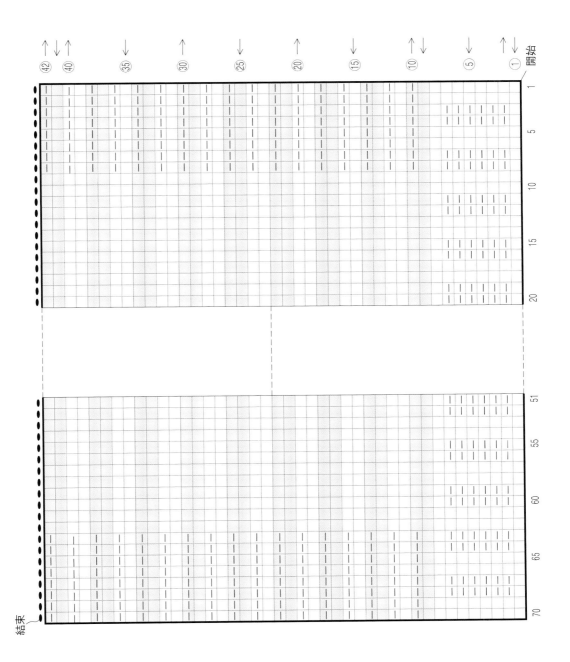

任何人穿上都很可愛的
Romantic Look

〜 玫瑰花髮帶 ✳

Ⓑ

Ⓐ

 🎀 玫瑰花洋裝

如果要選出可愛的服裝，我一定是選玫瑰花洋裝和玫瑰花髮帶的組合。
清純和可愛感，它都具備了。使用玫瑰花髮帶時，不論是將頭髮垂放，
或是把頭髮綁起來，露出脖子的曲線，都很適合。

玫瑰花洋裝

線	羊毛線（天藍色 6g，紅色、粉紅色、黃色、綠色、淺綠色少許），安哥拉兔毛線（白色 4g）
針	棒針 3mm、毛線專用鉤針 4 號、毛線縫針、壓線針
副材料	3mm 鈕釦 4 個（藍色、綠色、紅色、黃色）、領勾 2 對、白色繡線、透明線
完成尺寸	全長 10cm
密度	平編 32 針×44 段（10cm×10cm）

1

織出 54 針起針。

2

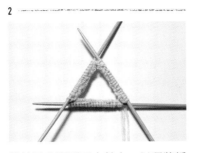

將針目分配到三支針上,以環狀編織進行裙子的編織。

3

進行平編,直到完成第㉕段。

Tip 從第27段開始進行平面編織

4

依照織圖減少針目,直到完成第㉘段。

5

用平編織出衣身。

6

在第36段用捲針織出袖子。

7

依照織圖織出肩膀和領口的部分之後,用鉤針在洋裝的第①段上面鉤一段短針。洋裝完成。

8

在裙子上繡好花朵之後,在洋裝的背面縫上領勾。

Tip 刺繡製作方法 p.18

9

縫上鈕釦。玫瑰花洋裝完成。

A

玫瑰花洋裝

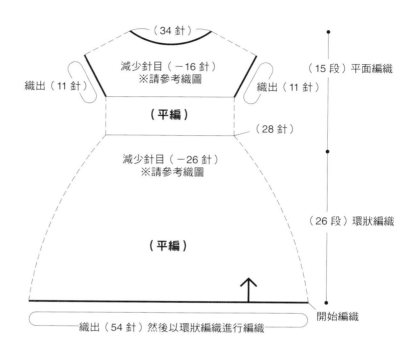

（34針）

減少針目（－16針）
※請參考織圖

織出（11針）　　織出（11針）

（平編）

（15段）平面編織

（28針）

減少針目（－26針）
※請參考織圖

（26段）環狀編織

（平編）

開始編織

織出（54針）然後以環狀編織進行編織

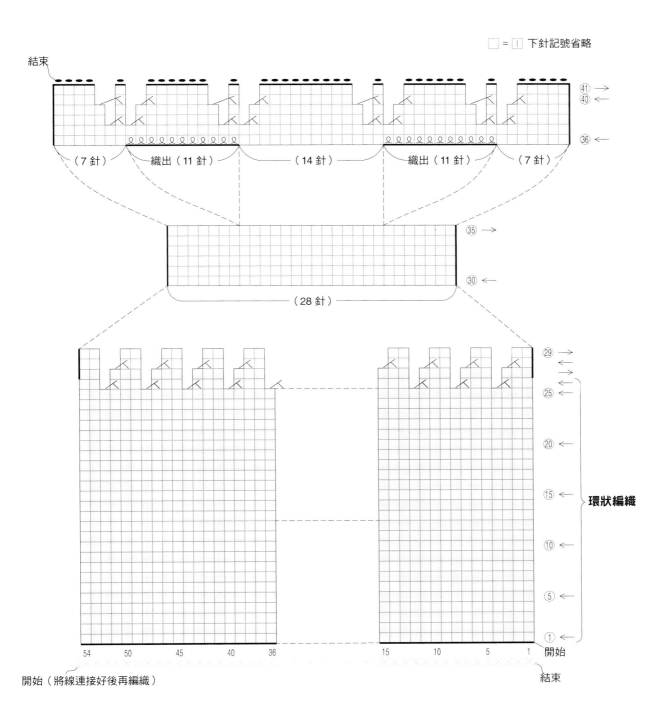

□ = |工| 下針記號省略

結束

(7針)　織出（11針）　（14針）　織出（11針）　（7針）

④①→
④⓪←
③⑥←

③⑤→

③⓪←

（28針）

②⑨→
←
→
②⑤←
②⓪←
①⑤←
①⓪←
⑤←
①←

環狀編織

54　50　45　40　36　15　10　5　1　開始

開始（將線連接好後再編織）　結束

— 111 —

Ⓑ

玫瑰花髮帶

線	羊毛線（天藍色 2g，紅色、粉紅色、黃色、綠色、淺綠色少許）
針	毛線專用鉤針 4 號、毛線縫針、壓線針
完成尺寸	髮帶長 12cm、寬 1.3cm，綁帶長 14.5cm×2

1

鉤 31 針鎖針。

2

鉤一段短針。

3

依照織圖鉤出邊緣及綁帶。

4

繡上花朵。玫瑰花髮帶完成。

Tip 刺繡製作方法 p.18

B

玫瑰花髮帶

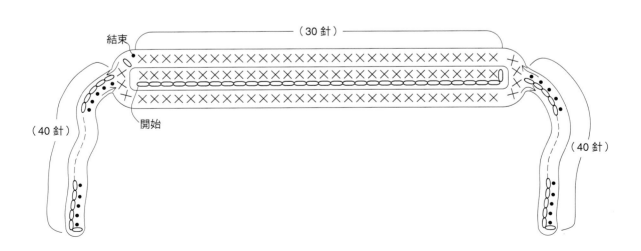

結束

（30 針）

開始

（40 針）

（40 針）

任何人穿上都很可愛的
Ladylike Look

⋈ 蝴蝶結髮夾 ✤ ⌇ ⟶ ⟳ B

Ⓐ

⌇ ⟶ 👗 蓬蓬袖洋裝

纖細的腰線和肩膀的蓬蓬袖是亮點。
看起來成熟優雅又有品味。
請搭配蝴蝶結髮夾。這樣即使是淑女風穿搭也能增添一點活潑及休閒的感覺。

蓬蓬袖洋裝

線	金蔥羊毛線（淺粉紅色 5g），安哥拉兔毛線（白色 5g）
針	棒針 3mm、毛線專用鉤針 4 號、毛線縫針、壓線針
副材料	6mm 星星鈕釦 2 個、領勾 2 對、白色繡線、淺粉紅色繡線
完成尺寸	全長 9.5cm、袖長 3cm
密度	平編 32 針×44 段（10cm×10cm）

1

織出 26 針起針。

2

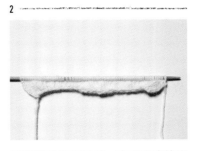

依照織圖增加針目，直到完成第⑧段。

3

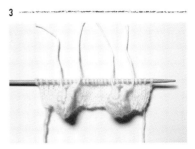

藉由穿入別線的休針織出袖子基底。

4

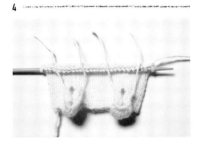

進行平編，直到完成第⑱段。

5

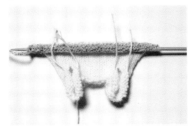

依照織圖增加針目，直到完成第㉓段。

Tip 從第24段開始進行環狀編織

6

進行平編，直到完成第㉝段，然後替所有的針目進行套收針。

7

利用鉤針依照織圖鉤出裙襬蕾絲。

8

將針目分配到三支針上，以環狀編織進行編織，織出袖子。

9

利用毛線縫針整理線頭。

10

在洋裝背面縫上領勾。

11

縫上鈕釦。蓬蓬袖洋裝完成。

A

蓬蓬袖洋裝

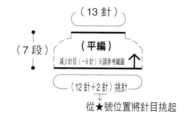

（13 針）

（7 段） **（平編）**
減少針目（－9 針）※請參考織圖 ↑

（12 針＋2 針）挑針

從★號位置將針目挑起

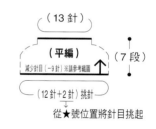

（13 針）

（平編） （7 段）
減少針目（－9 針）※請參考織圖 ↑

（12 針＋2 針）挑針

從★號位置將針目挑起

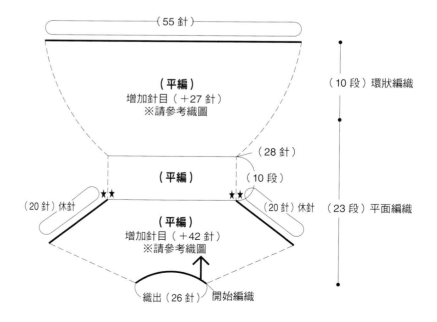

（55 針）

（平編）
增加針目（＋27 針）
※請參考織圖

（10 段）環狀編織

（28 針）

（平編） （10 段）

（20 針）休針 ★★　　★★ （20 針）休針　（23 段）平面編織

（平編）
增加針目（＋42 針）
※請參考織圖

織出（26 針）　開始編織

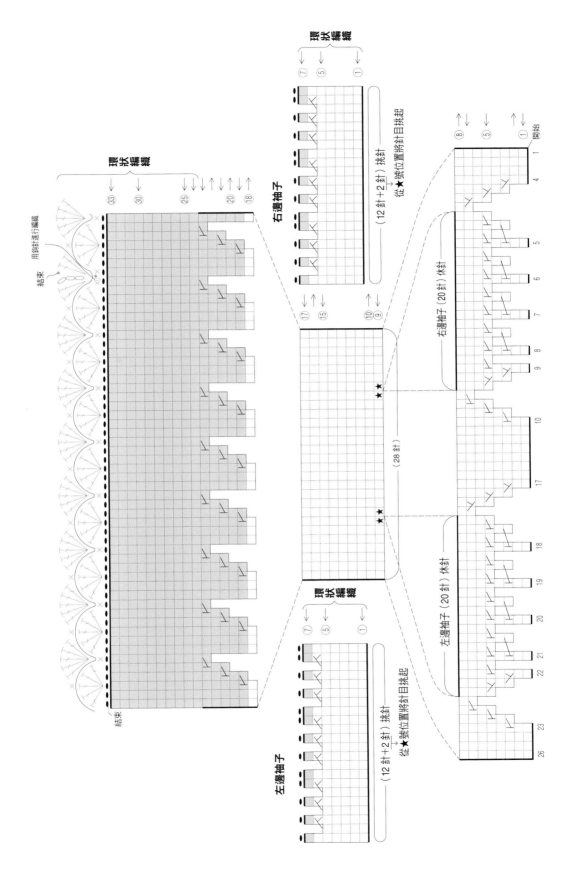

環狀編織

右邊袖子

左邊袖子

環狀編織

結束

用鉤針進行編織

結束

— 119 —

Ⓑ

蝴蝶結髮夾

線	金蔥羊毛線（淺粉紅色 3g）
針	棒針 3mm、毛線縫針
副材料	3.5cm 鴨嘴夾、熱熔膠
完成尺寸	長 7cm、寬 4cm
密度	平編 32 針×44 段（10cm×10cm）

1

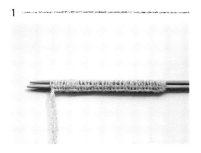

織出 40 針起針。

2

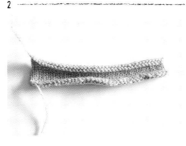

進行平編，直到完成第⑭段，然後替所有的針目進行套收針。

3

將織片的兩側邊對齊並縫合。

4

抓成蝴蝶結的樣子，並用線纏繞中間，纏繞好幾圈之後綁起來，用熱熔膠黏上鴨嘴夾。

5

蝴蝶結髮夾完成。

B

蝴蝶結髮夾

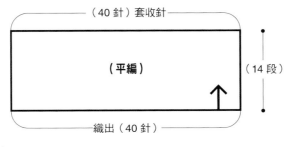

（40 針）套收針

（平編）

（14 段）

織出（40 針）

□ = □ 下針記號省略

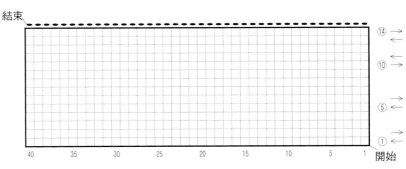

結束

⑭ →
←
⑩ →
←
⑤ →
←
① →
←

40　35　30　25　20　15　10　5　1　開始

9

古色古香的名牌風格

Vintage Look

Ⓐ

↱ ⇧ 芥末黃花朵高領針織上衣

Ⓑ

Ⓒ

⟰ 牛仔百褶裙 ✿

👜 復古斜背包

不會令人感覺窮酸的復古風穿搭，用各種顏色的混合搭配，
充分地展現出瀰漫感性氛圍的復古感。
如果再加上冷酷的眼神，
就能完成優雅的感性復古風格。

芥末黃花朵高領針織上衣

線	羊毛線（芥末黃色 7g，橘色、藍色、淺粉紅色、紅色、淺綠色、紫色、粉紅色、天藍色、綠色少許）
針	棒針 3mm、毛線專用鉤針 2 號、毛線縫針、壓線針
副材料	2.5mm 珍珠串珠 4 個、2mm 紫色串珠 4 個、領勾 1 對、芥末黃色繡線、透明線
完成尺寸	全長 7cm、袖長 6cm
密度	平編 32 針×44 段（10cm×10cm）

1

織出 18 針起針。

2

織出九段 1 目鬆緊編。

3

依照織圖增加針目，直到完成第㉑段。

4

藉由穿入別線的休針織出袖子基底。

5

將針目分配到三支針上，以環狀編織進行編織，織出衣身。

6

衣身完成。

7

將針目分配到三支針上，以環狀編織進行編織，織出袖子。

8

利用毛線縫針整理線頭。

9

依照織圖鉤出四朵花。

在高領針織上衣背面縫上領勾。

縫上用鉤針鉤的四朵花，再繡上四朵花，然後縫上串珠。芥末黃花朵高領針織上衣完成。

Tip 刺繡製作方法 p.18

A

芥末黃花朵高領針織上衣

花 4 朵

開始　結束

輪狀
起針

🌼 花的顏色：橘色、淺粉紅色、淺綠色、天藍色

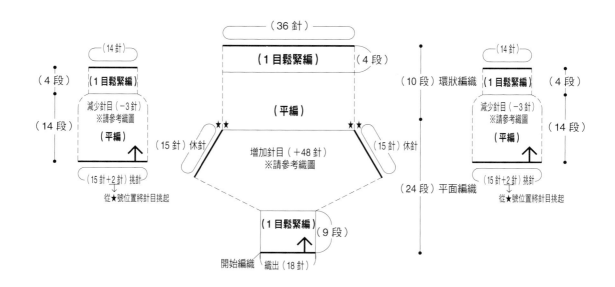

（36 針）

（14 針）
（1 目鬆緊編）　（4 段）

（4 段）　（1 目鬆緊編）
（14 段）　減少針目（−3 針）
※請參考織圖
（平編）
（15 針）休針　（平編）
（15 針+2 針）挑針
從★號位置將針目挑起

（10 段）環狀編織

（14 針）
（1 目鬆緊編）　（4 段）
減少針目（−3 針）
※請參考織圖
（14 段）
（平編）
（15 針+2 針）挑針
從★號位置將針目挑起

增加針目（+48 針）
※請參考織圖

（15 針）休針

（24 段）平面編織

（1 目鬆緊編）　（9 段）
開始編織　織出（18 針）

□ = **□** 下針記號省略

右邊袖子

環狀編織
⑱ ⑮ ⑩ ⑤ ①

（15針+2針）挑針
↓
從★號位置將針目挑起

左邊袖子

環狀編織
㉞ ㉚ ㉕ ㉒

★

★

（36針）

右邊袖子（15針）休針

左邊袖子（15針）休針

結束

㉑
⑳ ⑮ ⑩ ⑤ ①

1
3

6 4

7

12

15 13

18 16

開始

環狀編織
⑱ ⑮ ⑩ ⑤ ①

（15針+2針）挑針
↓
從★號位置將針針目挑起

— 127 —

Ⓑ

牛仔百褶裙

線	棉混紡紗（藍色 4g）
針	棒針 3mm、毛線縫針、壓線針
副材料	領勾 1 對、藍色繡線
完成尺寸	長 6cm
密度	2 目鬆緊編 32 針×44 段（10cm×10cm）

1

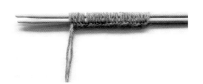

織出 24 針起針。

2

織出九段 1 目鬆緊編。

Tip 從第10段開始進行環狀編織

3

依照織圖增加針目,直到完成第⑩段。

4

進行 2 目鬆緊編,直到完成第㉗段,然後替所有的針目進行套收針。

5

利用毛線縫針整理線頭,在裙子背面縫上領勾。

6

牛仔百褶裙完成。

B

牛仔百褶裙

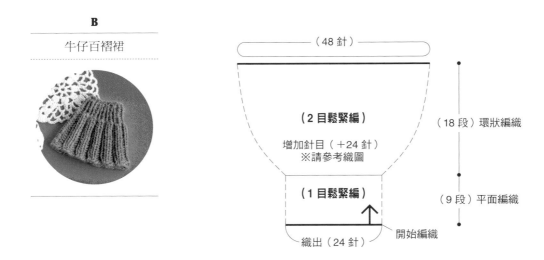

（ 48 針 ）

（ 2 目鬆緊編 ）

增加針目（＋24 針）
※請參考織圖

（ 18 段 ）環狀編織

（ 1 目鬆緊編 ）

（ 9 段 ）平面編織

開始編織

織出（ 24 針 ）

□ = ▎ 下針記號省略

結束

環狀編織

㉗ ←
㉕ ←
⑳ ←
⑮ ←
⑩ ←
←
←
⑤ →
←
←
① ←

| 24 | 23 | 22 | 21 | 20 | 19 | 18 | 17 | 16 | 15 | 14 | 13 | 12 | 11 | 10 | 9 | 8 | 7 | 6 | 5 | 4 | 3 | 2 | 1 | 開始 |

Ⓒ
復古斜背包

線　羊毛線（橘色 2g，淺綠色 3g，紅色、灰色、淺粉紅色、藍色、深粉紅色、薄荷綠色、芥末黃色少許）

針　棒針 3mm、毛線專用鉤針 2 號、毛線縫針、壓線針

副材料　人造皮革帶 15cm、8mm 木頭鈕釦 1 個、褐色繡線、透明線

完成尺寸　包包的高 4cm、寬 3.8cm，背帶長 13cm

密度　平編 32 針×44 段（10cm×10cm）

1

織出 14 針起針。

2

依照織圖一邊配色一邊織出平編。

3

包包織片完成。

4

利用毛線縫針整理線頭，然後將第①段和第㉜段疊合，並縫合兩側。

5

用紅色線依照織圖鉤出包包開口邊緣。

6

包包開口邊緣完成。

7

縫上背帶及鈕釦。復古斜背包完成。

C

復古斜背包

□ = I 下針記號省略

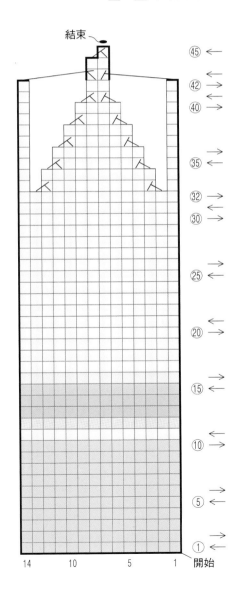

結束

45 ←
42 →
40 →
35 ←
32 →
30 →
25 ←
20 ←
15 ←
10 →
5 ←
1 ←

14　10　5　1　開始

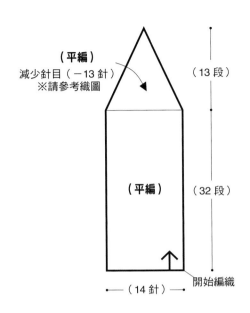

（平編）
減少針目（－13針）
※請參考織圖

（13段）

（平編）

（32段）

開始編織

←（14針）→

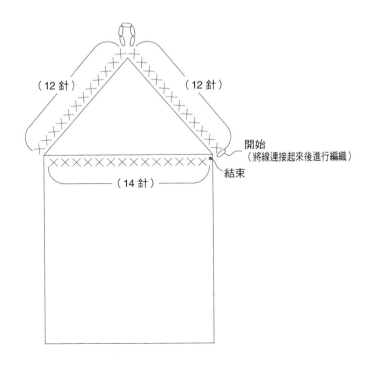

（12針）　　（12針）

開始
（將線連接起來後進行編織）

結束

（14針）

― 133 ―

10

蘊含明媚春光的感覺

Floral Look

♔ 王冠 C

❀ 花朵開襟衫 ✿ A

△ 三層蛋糕裙 B

將代表春天的花作為設計主題。
位於顏色亮麗的開襟衫上的花朵細節是亮點。
三層蛋糕裙增添了浪漫氛圍及女人味。
不管是特別的日子還是平凡的日子,都很適合穿這套服裝。

花朵開襟衫

線	羊毛線（薄荷綠色 6g，藍色、粉紅色、黃色、白色、紅色少許）
針	棒針 3mm、毛線專用鉤針 2 號、毛線縫針、壓線針
副材料	3mm 珍珠串珠 3 個、透明線
完成尺寸	全長 6cm、袖長 6.5cm
密度	平編 32 針×44 段（10cm×10cm）

1

織出 22 針起針。

2

依照織圖增加針目，直到完成第⑮段。

3

藉由穿入別線的休針織出袖子基底。

4

依照織圖織出衣身。

5

將針目分配到三支針上，以環狀編織進行編織，織出袖子。

6

利用毛線縫針整理線頭。

7

依照織圖鉤出 8 朵花。

8

將花縫到開襟衫上，並縫上珍珠串珠，然後製作硬開的釦眼。花朵開襟衫完成。

Tip 硬開的釦眼製作方法 p.17

花朵開襟衫

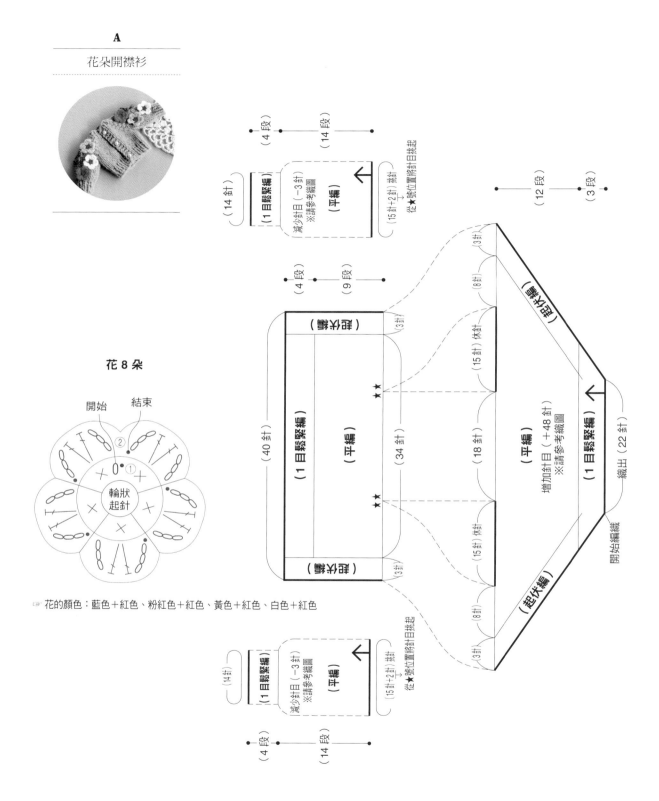

花 8 朵

開始　結束

①②

輪狀起針

☞ 花的顏色：藍色＋紅色、粉紅色＋紅色、黃色＋紅色、白色＋紅色

（4 段）
（14 段）
（14 針）
（1 目鬆緊編）
減少針目（−3 針）
※請參考織圖
（平編）
（15 針＋2 針）接針
從★號位置將收針目挑起

（4 段）
（9 段）
（3 段）
（12 段）

（3 針）
（8 針）
（15 針）休針
（起伏編）

（起伏編）
（平編）
增加針目（＋48 針）
※請參考織圖
（1 目鬆緊編）
織出（22 針）
開始編織

（3 針）
（8 針）
（15 針）休針
（3 針）

（配次編）
（40 針）
（1 目鬆緊編）
（平編）
（34 針）
（18 針）
（配次編）

（4 段）
（14 段）
（14 針）
（1 目鬆緊編）
減少針目（−3 針）
※請參考織圖
（平編）
（15 針＋2 針）接針
從★號位置將收針目挑起

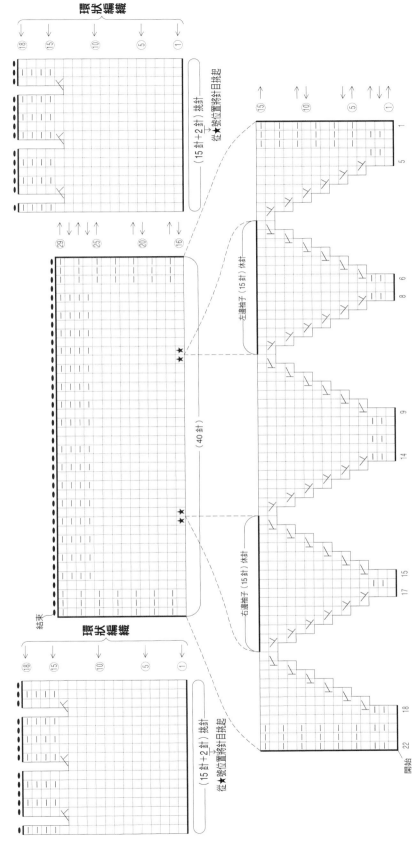

左邊袖子

右邊袖子

□ = □ 下針記號省略

環狀編織

開始

Ⓑ
三層蛋糕裙

線	羊毛線（白色 8g）
針	毛線專用鉤針 4 號、毛線縫針、壓線針
副材料	領勾 1 對、白色繡線
完成尺寸	長 7cm

1

織出 24 針起針。

2

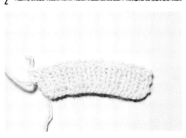

織出 1 目鬆緊編，一直到完成第⑥段，然後替所有的針目進行套收針。

3

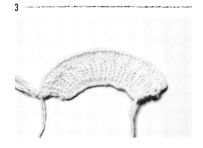

利用鉤針依照織圖增加針目，直到完成第⑦段。

Tip 從第 8 段開始進行環狀編織

4

依照織圖增加針目，直到完成第⑪段。

5

依照織圖鉤出裙襬蕾絲。

6

分別在裙子第⑦段、第⑨段鉤出蕾絲。

7

在裙子背面縫上領勾。

8

三層蛋糕裙完成。

B

三層蛋糕裙

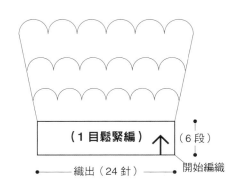

（1目鬆緊編）　（6 段）

開始編織

織出（24 針）

□ = Ｉ 下針記號省略

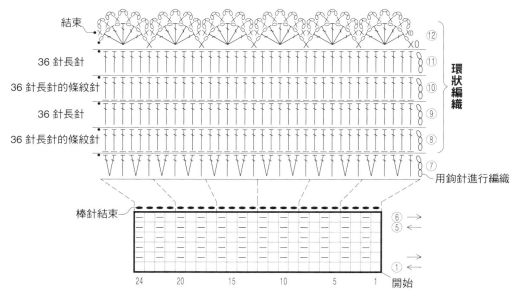

結束

36 針長針

36 針長針的條紋針

36 針長針

36 針長針的條紋針

環狀編織

用鉤針進行編織

棒針結束

開始

24　　20　　15　　10　　5　　1

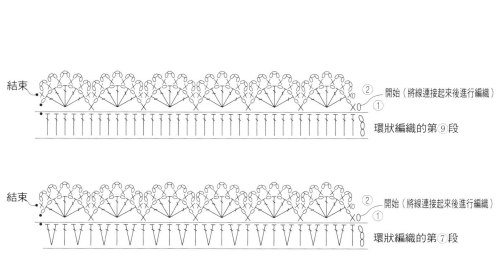

結束

② 開始（將線連接起來後進行編織）

①

環狀編織的第⑨段

結束

② 開始（將線連接起來後進行編織）

①

環狀編織的第⑦段

── 142 ──

©

王冠

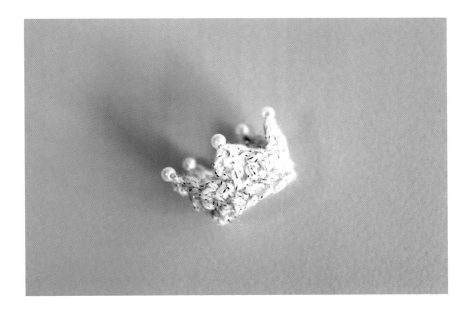

線	金蔥羊毛線（白色少許）
針	毛線專用鉤針 4 號、毛線縫針、壓線針
副材料	2.5mm 珍珠串珠 5 個、透明線
完成尺寸	王冠頭圍 7cm

1

鉤 16 針鎖針。

2

鉤一段短針。

3

依照織圖鉤出王冠的樣子。

4

縫上珍珠串珠。王冠完成。

c

王冠

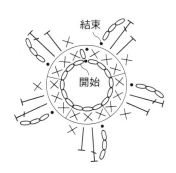

結束
開始

11

如果想在聖誕節受到矚目

Party Look

🎩 聖誕外套 ✳

C ⌒→ 🎩 聖誕帽

Ⓐ

Ⓑ

⌒→ ⛄ 聖誕裙

華麗地度過年末的方法，每年到了年末，總會因為聖誕節的到來而感到興奮。

只要稍微花點心思，就可以成為主角。

冬天不一定要穿得很厚重。

今年一起期待白色聖誕節吧！

聖誕外套

線	棉混紡紗（紅色 8g、綠色少許）、圈圈紗（白色 3g）
針	棒針 3mm、毛線專用鉤針 4 號、毛線縫針、壓線針
副材料	8mm 木頭鈕釦 3 個、米駝色繡線
完成尺寸	全長 8cm、袖長 7cm
密度	平編 32 針×44 段（10cm×10cm）

1

織出 26 針起針。

2

織出四段起伏編。

3

換成紅色線，依照織圖增加針目，直到完成第⑱段。

4

藉由穿入別線的休針織出袖子基底。

5

進行平編，直到完成第㉘段。

6

換成圈圈紗，織出兩段起伏編。衣身完成。

7

將針目分配到三支針上，以環狀編織進行編織，織出袖子。

8

利用毛線縫針整理線頭。

9

利用鉤針依照織圖鉤出前門襟。

縫上鈕釦。聖誕外套完成。

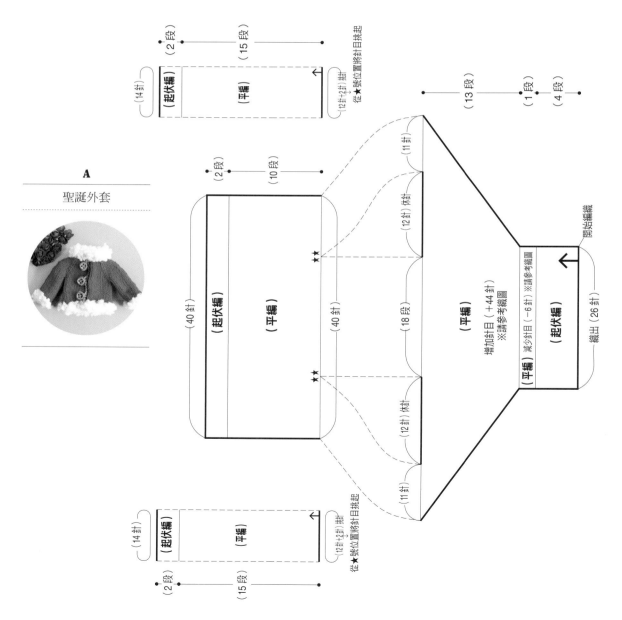

A
聖誕外套

□ = □ 下針記號省略

右邊袖子

左邊袖子

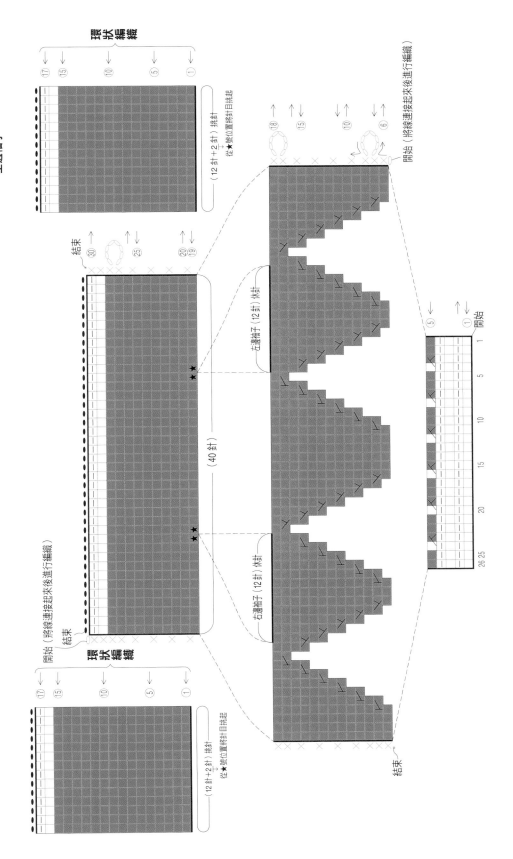

Ⓑ

聖誕裙

線	棉混紡紗（紅色 3g）、圈圈紗（白色 2g）
針	棒針 3mm、毛線縫針、壓線針
副材料	領勾 1 對、紅色繡線
完成尺寸	全長 6cm
密度	平編 32 針×44 段（10cm×10cm）

1

織出 30 針起針。

2

將針目分配到三支針上,以環狀編織進行編織,織出四段起伏編。

3

換成紅色線並進行平編,直到完成第⑭段。

Tip 從第15段開始進行平面編織

4

進行 1 目鬆緊編,直到完成第㉒段,在裙子背面縫上領勾。

5

聖誕裙完成。

聖誕裙

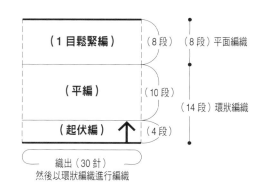

（1目鬆緊編）　（8段）（8段）平面編織

（平編）　（10段）

（起伏編）　（4段）　（14段）環狀編織

織出（30針）
然後以環狀編織進行編織

□ = I 下針記號省略

結束

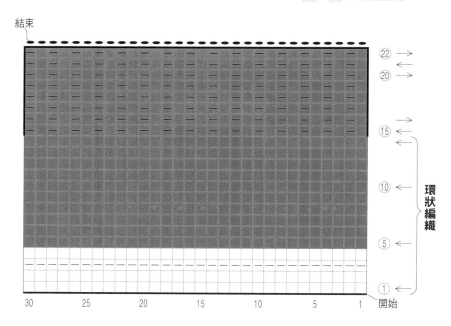

22 →
←
20 →
←

→
15 ←
←

環狀編織

10 ←

5 ←

1 ←

30　　25　　20　　15　　10　　5　　1　開始

ⓒ

聖誕帽

線	棉混紡紗（紅色 2g）、圈圈紗（白色少許）
針	棒針 3mm、毛線縫針
完成尺寸	帽圍 10.5cm
密度	平編 32 針×44 段（10cm×10cm）

1

織出 15 針起針。

2

將針目分配到三支針上，以環狀編織進行編織，織出三段起伏編。

3

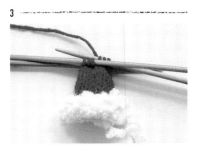

換成紅色線，依照織圖減少針目，直到完成第⑭段。

4

將線穿過剩下的針目，然後拉緊，將孔洞封住。

5

將兩條圈圈紗穿過帽子中央，然後綁一個結。

6

留下打結的部分，將多餘的圈圈紗剪掉。

7

聖誕帽完成。

c

聖誕帽

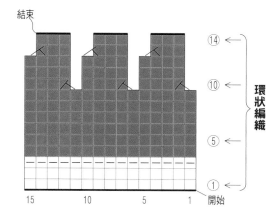

□ = □ 下針記號省略

結束

⑭

⑩

⑤

①

開始

環狀編織

15　　　　10　　　　5　　　　1

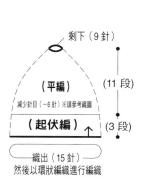

剩下（9針）

（平編）　（11 段）

減少針目（−6針）※請參考織圖

（起伏編）↑ （3 段）

織出（15針）

然後以環狀編織進行編織

12
想要清新可愛的日子
Young Casual Look

✄ 👕 蘋果上衣

Ⓐ

Ⓑ

👗 點點裙

對女生來說，想要看起來很年輕是很理所當然的事情吧。
清新的淺綠色上衣加上鮮紅的蘋果，給人一種青春可愛的感覺。
裙子的白色底色和紅色圓點非常搭。
非常適合當校園服裝，也很適合當出遊時的輕便服裝。

蘋果上衣

線	羊毛線（淺綠色 5g、紅色 3g，褐色、綠色、白色少許）
針	棒針 3mm、毛線專用鉤針 2 號、毛線縫針、壓線針
副材料	領勾 1 對、淺綠色繡線、透明線
完成尺寸	全長 6cm、袖長 6.5cm
密度	平編 32 針×44 段（10cm×10cm）

1

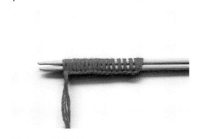

織出 18 針起針。

2

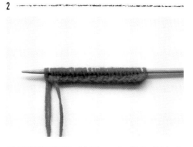

依照織圖增加針目，直到完成第③段。

3

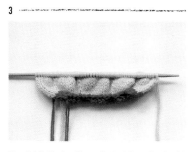

換成淺綠色線，依照織圖增加針目，直到完成第⑭段。

4

藉由穿入別線的休針織出袖子基底。

5

將針目分配到三支針上，以環狀編織進行編織，織出衣身。

6

進行平編，直到完成第㉒段。

7

換成紅色線，織出一段起伏編之後，進行 1 目鬆緊編，直到完成第㉕段。

8

將針目分配到三支針上，以環狀編織進行編織，織出袖子。

9

利用毛線縫針整理線頭。

10

在上衣背面縫上領勾。

11

依照織圖鉤出蘋果。

12

將蘋果縫到上衣中央，然後繡上反
光和蘋果梗。蘋果上衣完成。

A

蘋果上衣

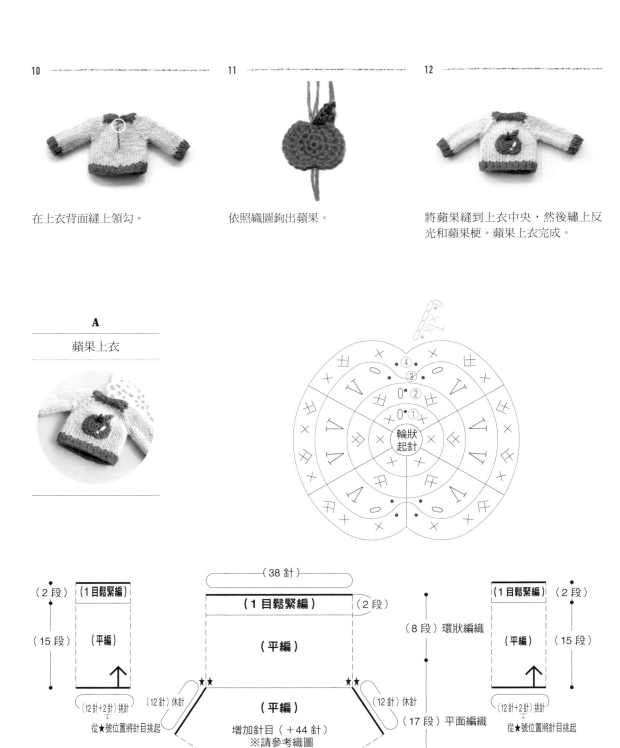

（38 針）

（1目鬆緊編）（2段）

（2段）（1目鬆緊編）

（平編）

（8段）環狀編織

（15段）（平編）

（平編）

（平編）（15段）

（12針+2針）挑針

（12針）休針

增加針目（＋44針）
※請參考織圖

（12針）休針

（17段）平面編織

（12針+2針）挑針

從★號位置將針目挑起

從★號位置將針目挑起

（1目鬆緊編）（2段）

織出（18針）　開始編織

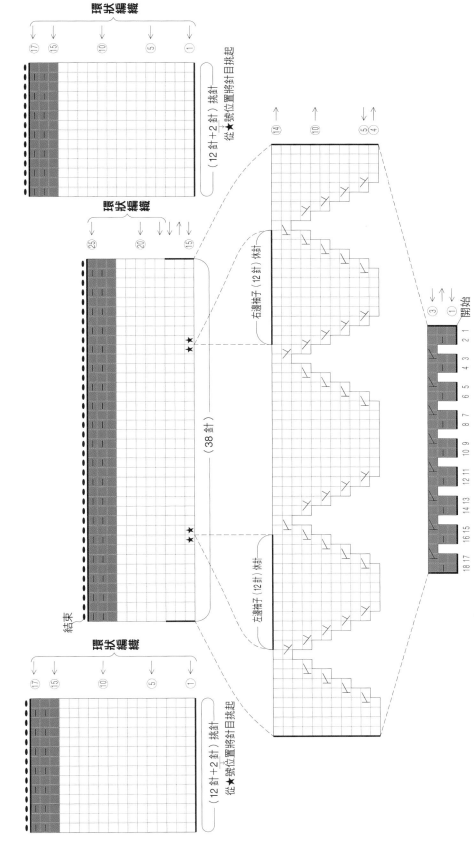

右邊袖子

環狀編織

⑰ ⑮ ⑩ ⑤ ①

（12針＋2針）挑針
從★號位置將針目挑起

□＝|下針記號省略

環狀編織

㉕ ⑳ ⑮

（38針）

結束

右邊袖子（12針）休針

左邊袖子（12針）休針

⑭ ⑩ ⑤ ④

③ ① 開始

18 17 16 15 14 13 12 11 10 9 8 7 6 5 4 3 2 1

左邊袖子

環狀編織

⑰ ⑮ ⑩ ⑤ ①

（12針＋2針）挑針
從★號位置將針目挑起

B

點點裙

線	安哥拉兔毛線（白色 7g、紅色 3g）
針	棒針 3mm、毛線專用鉤針 4 號（裙子）、毛線專用鉤針 2 號（圓點）、毛線縫針、壓線針
副材料	領勾 1 對、白色繡線、透明線
完成尺寸	全長 7cm
密度	平編 32 針×44 段（10cm×10cm）

1

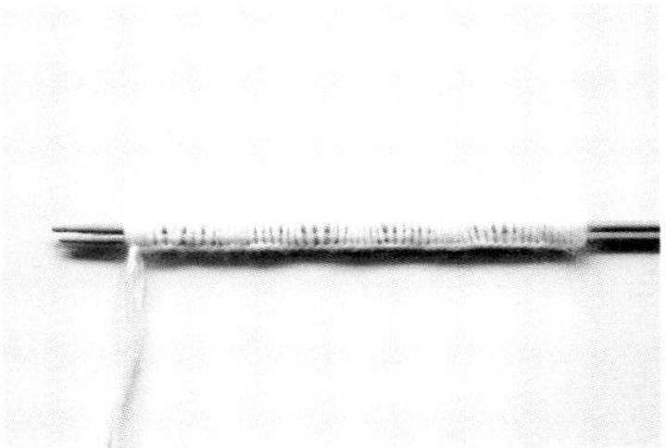

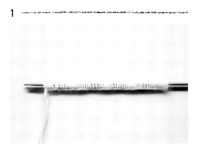

織出 60 針起針。

2

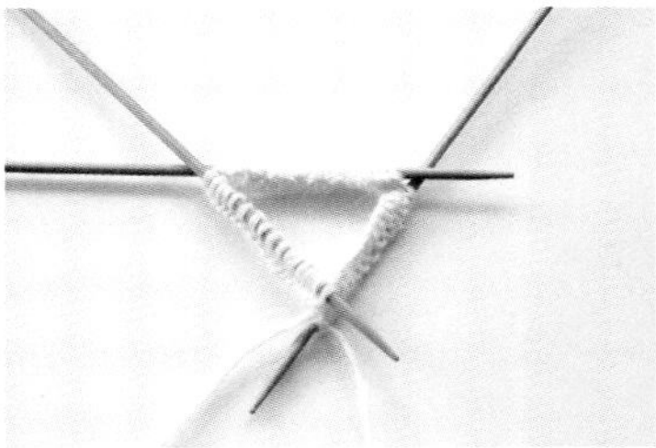

將針目分配到三支針上，以環狀編織進行編織，織出裙子。

3

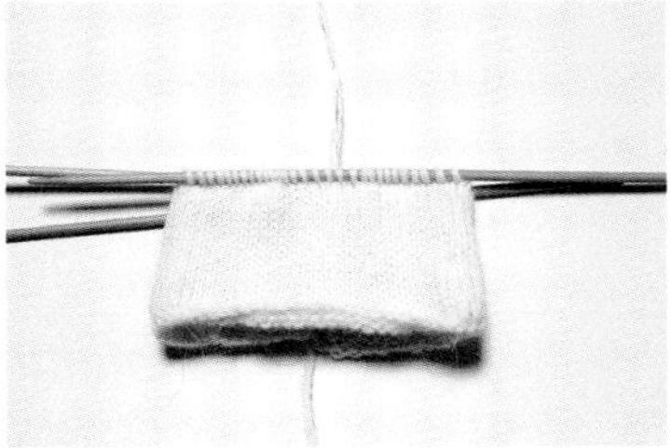

進行平編，直到完成第㉒段。

4

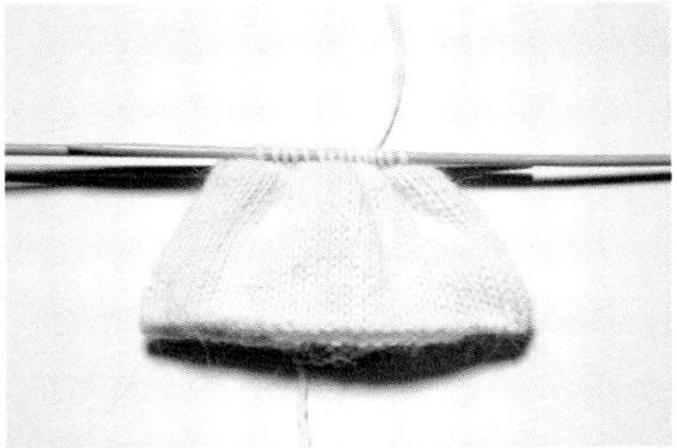

依照織圖減少針目，直到完成第㉓段。

Tip 從第㉕段開始進行平面編織

5

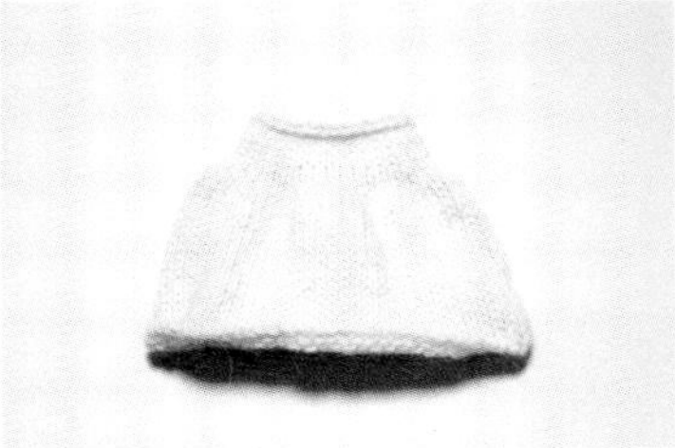

進行平編，直到完成第㉚段。

6

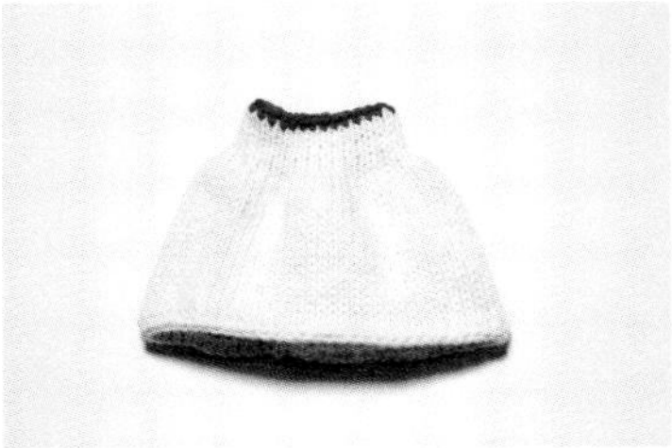

用鉤針分別在裙子的第①段和第㉚段上面鉤一段短針。

7

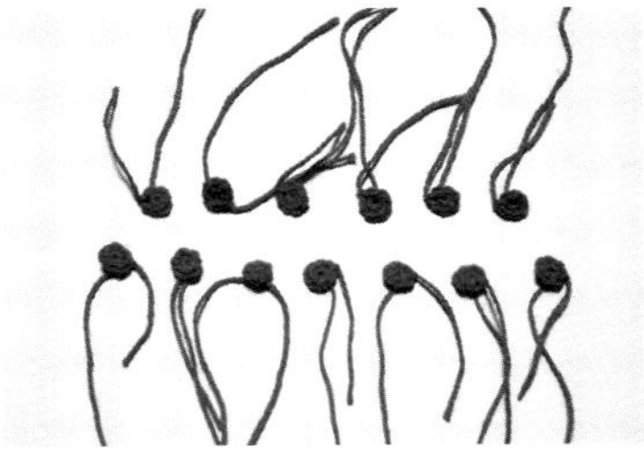

依照織圖鉤出 13 個圓點。

8

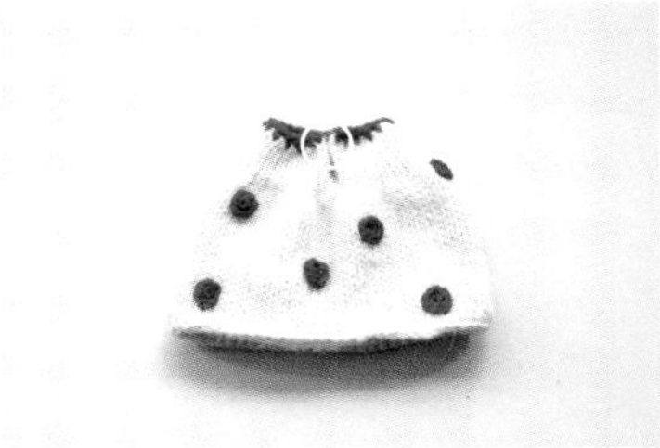

將圓點縫到裙子上，然後在裙子背面縫上領勾。

9

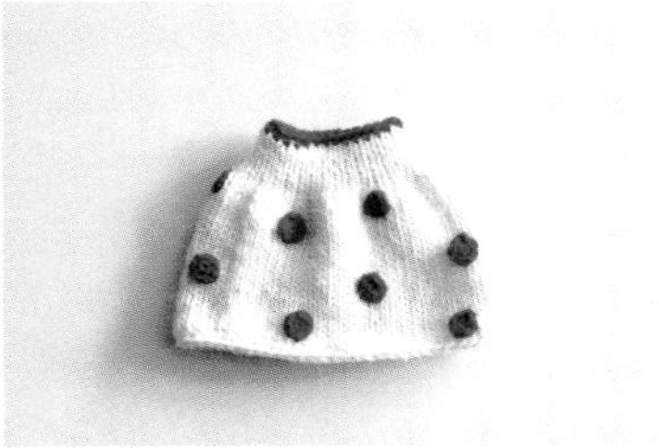

點點裙完成。

B

點點裙

圓點 13 個

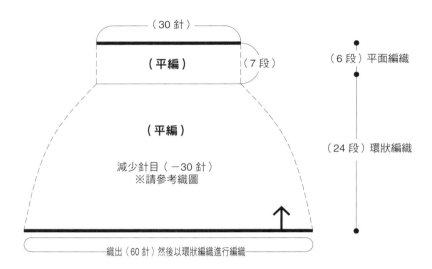

（30 針）

（平編）　（7 段）

（6 段）平面編織

（平編）

減少針目（－30 針）
※請參考織圖

（24 段）環狀編織

織出（60 針）然後以環狀編織進行編織

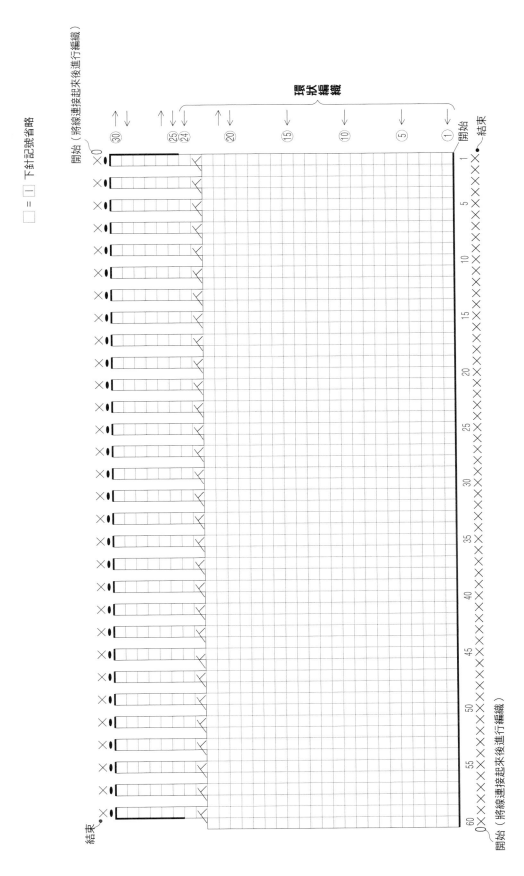

□ = □ 下針記號省略

環狀編織

開始（將線連接起來後進行編織）

結束

開始（將線連接起來後進行編織）

開始

結束

開始

結束

— 167 —

只要是女生，都曾夢想過

Wedding Look

粉紅花朵禮服

Ⓐ

只要是女生，都曾夢想過的禮服，到現在都還沒有實現夢想嗎？

這裡提供一款簡約風格的婚紗給您，雖然不是很華麗，但是既優雅又高貴。

在乾淨俐落的簡單線條上，單憑粉紅花朵就能形成亮點。這是一件雖然簡單但是感覺相當優雅的禮服。

今天就讓您成為主角吧。

粉紅花朵禮服

線	安哥拉兔毛線（白色 21g）、棉混紡紗（淺粉紅色 3g）
針	棒針 3mm、毛線專用鉤針 2 號、毛線縫針、壓線針
副材料	3mm 珍珠串珠 5 個、領勾 2 對、白色繡線、透明線
完成尺寸	全長 15cm
密度	平編 32 針×44 段（10cm×10cm）、單桂花編 32 針×58 段（10cm×10cm）

1

織出 112 針起針。

2

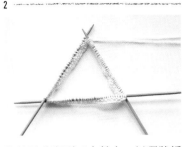

將針目分配到三支針上,以環狀編織進行編織,織出裙子。

3

進行單桂花編,直到完成第㊺段。

Tip 從第45段開始進行平面編織

4

依照織圖減少針目,直到完成第㊼段。

5

用平編織出衣身。

6

在第㊹段用捲針織出袖子。

7

依照織圖織出肩膀和領口的部分。

8

用鉤針在洋裝的第①段上面鉤出蕾絲。

9

洋裝完成。

依照織圖鉤出 5 朵花。

將花縫到洋裝上,再縫上珍珠串珠,然後在洋裝背面縫上領勾。

粉紅花朵禮服完成。

A

粉紅花朵禮服

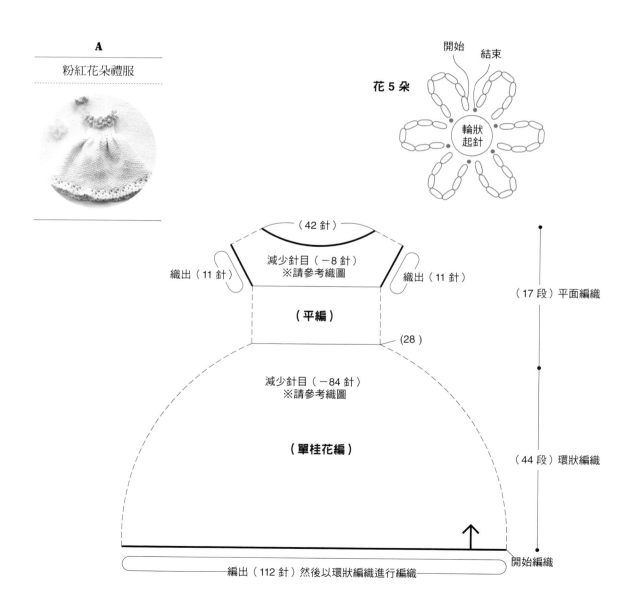

花 5 朵

開始　結束

輪狀起針

（42 針）

減少針目（−8 針）
※請參考織圖

織出（11 針）　　　織出（11 針）

（平編）

（17 段）平面編織

(28)

減少針目（−84 針）
※請參考織圖

（單桂花編）

（44 段）環狀編織

開始編織

編出（112 針）然後以環狀編織進行編織

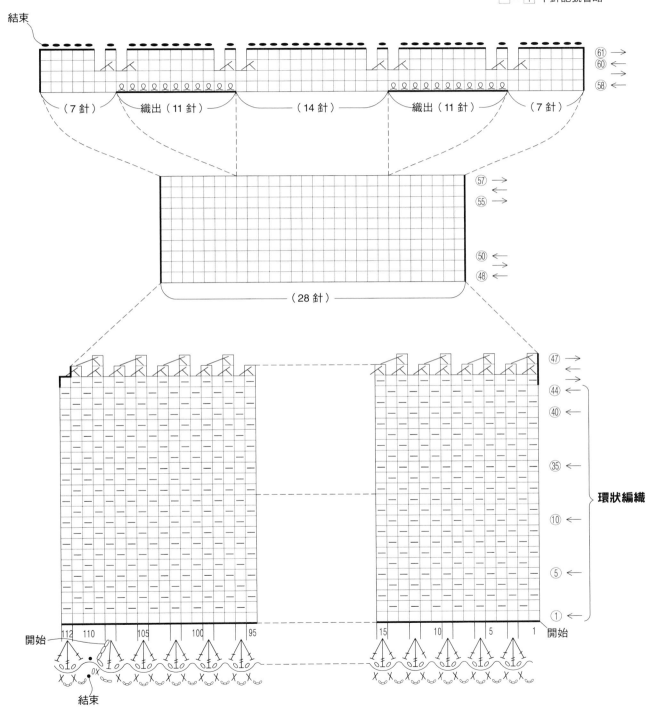

□ = Ⅰ 下針記號省略

結束

（7針） 織出（11針） （14針） 織出（11針） （7針）

61 →
60 ←
→
58 ←

57 →
←
55 →

50 ←
48 ←

（28針）

47 →
←
←
44 ←

40 ←

35 ←

環狀編織

10 ←

5 ←

1 ←

開始 112 110 105 100 95 15 10 5 1 開始

結束

♔ 珍珠花朵髮帶

Ⓑ

🧥 珍珠花朵洋裝 ✿

Ⓐ

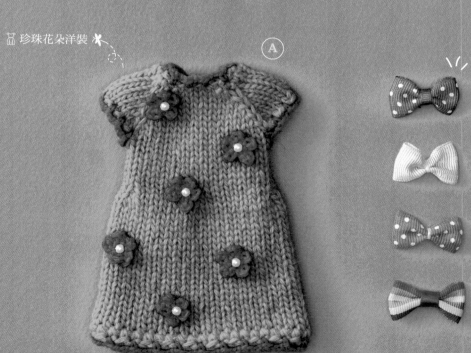

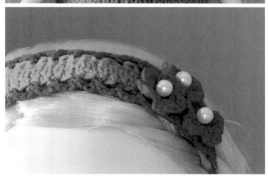

吸引異性最簡單的方法之一就是時尚。
珍珠花朵洋裝和珍珠花朵髮帶最適合作為添加甜美感的約會穿搭。
在鮮豔色彩中閃閃發亮的珍珠花朵,增添女人味和討人喜愛的魅力。
這是 Roro 很愛惜的非常珍貴的洋裝。

珍珠花朵洋裝

線	羊毛線（藍綠色 8g、紅色 3g）
針	棒針 3mm、毛線專用鉤針 4 號（洋裝）、毛線專用鉤針 2 號（蕾絲、花）、毛線縫針、壓線針
副材料	2.5mm 珍珠串珠 12 個、領勾 2 對、藍綠色繡線、透明線
完成尺寸	全長 10.5cm、袖長 3cm
密度	平編 32 針×44 段（10cm×10cm）

1

織出 26 針起針。

2

依照織圖增加針目,直到完成第⑩段。

3

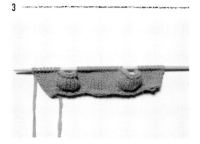

在第⑪段用套收針織出袖子。

4

進行平編,直到完成第⑲段。

Tip 從第20段開始進行環狀編織

5

依照織圖織出裙子。

6

用鉤針分別在洋裝的第①段和第㊹段上面鉤一段短針。

7

依照織圖鉤出 12 朵花。

8

將花縫到洋裝上,然後縫上珍珠串珠。

9

用紅色線在領口、袖口、裙襬上鉤蕾絲,然後在洋裝背面縫上領勾。

珍珠花朵洋裝完成。

A

珍珠花朵洋裝

花 12 朵

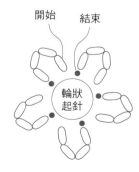

開始　　結束

輪狀
起針

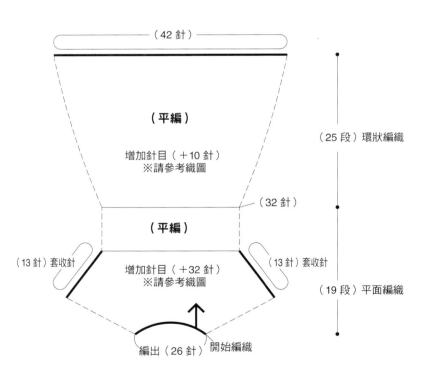

（42 針）

（平編）

增加針目（＋10 針）
※請參考織圖

（25 段）環狀編織

（32 針）

（平編）

（13 針）套收針　增加針目（＋32 針）　（13 針）套收針
　　　　　　　　※請參考織圖

（19 段）平面編織

編出（26 針）　開始編織

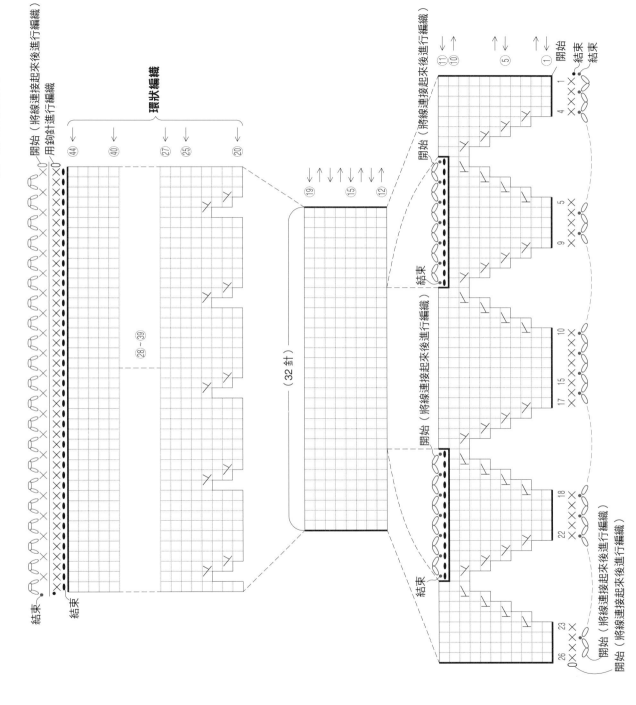

□ = □ 下針記號省略

環狀編織

(32針)

28~39

開始（將線連接起來後進行編織）
用鉤針進行編織

44   40   27 25   20

19   15   12

11
10
5
1 開始

結束
結束

1

4

5

9

10

17 15

18

22

23

26

開始（將線連接起來後進行編織）

結束

結束

開始（將線連接起來後進行編織）

開始（將線連接起來後進行編織）
開始（將線連接起來後進行編織）

結束
結束
結束

B

珍珠花朵髮帶

線	羊毛線（藍綠色 3g、紅色 2g）
針	棒針 3mm、毛線專用鉤針 4 號（髮帶）、毛線專用鉤針 2 號（蕾絲、綁帶、花）、 毛線縫針、壓線針
副材料	5mm 珍珠串珠 3 個、透明線
完成尺寸	髮帶長 12cm、寬 2.8cm，綁帶長 14.5cm×2
密度	平編 32 針×44 段（10cm×10cm）

1

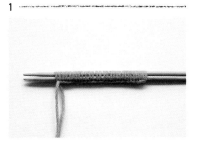

織出 30 針起針。

2

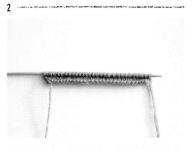

依照織圖織出平編，直到完成第④段。

3

替所有的針目進行套收針。

4

利用鉤針依照織圖鉤出一段邊緣。

5

用紅色線鉤出邊緣的蕾絲和綁帶。

6

依照織圖鉤出 3 朵花。

7

將花縫到髮帶左邊，然後縫上珍珠串珠。珍珠花朵髮帶完成。

B

珍珠花朵髮帶

花 3 朵

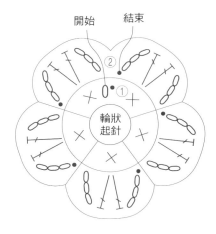

開始　結束

②

①

輪狀
起針

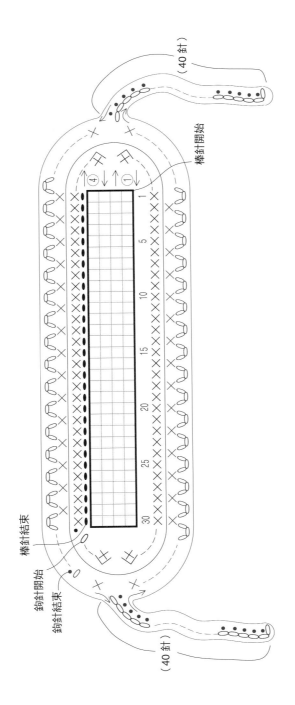

（40針）

棒針開始

棒針結束

鈎針開始

鈎針結束

（40針）

15

逃離日常
Vacance Look

度假帽

麻料洋裝

Ⓐ

Ⓑ

Ⓒ

蝴蝶結包包

光是穿著就很舒適的白色麻料洋裝，用不會太過華麗的花朵來當作亮點。
並且在不過度裸露的情況下，搭配女人味十足的度假帽，盡情地展現出度假氛圍。
度假帽也縫上和洋裝一樣的花朵，讓你在度假地也能成為受到矚目的有品味的女人。
單憑一件度假服裝就足以轉換氣氛了。

麻料洋裝

線	黃麻線（白色 14g）、羊毛線（黃色、橘色、天藍色、藍色、粉紅色、淺綠色、紅色、紫色、藍綠色少許）
針	棒針 3mm、毛線專用鉤針 4 號（洋裝、大花）、毛線專用鉤針 2 號（小花）、毛線縫針、壓線針
副材料	2.5mm 珍珠串珠 3 個、2mm 紫色串珠 3 個、透明線
完成尺寸	全長 10cm

1

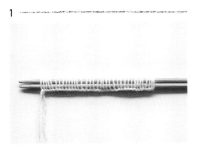

織出 36 針起針。

2

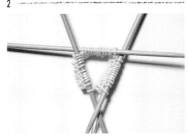

將針目分配到三支針上,以環狀編織進行編織,織出衣身。

3

用 1 目鬆緊編完成衣身。

4

利用鉤針依照織圖鉤出裙子。

5

依照織圖鉤出綁帶。

6

依照織圖鉤出 6 朵花。

7

將花縫到洋裝的衣身上,然後縫上串珠。麻料洋裝完成。

A

麻料洋裝

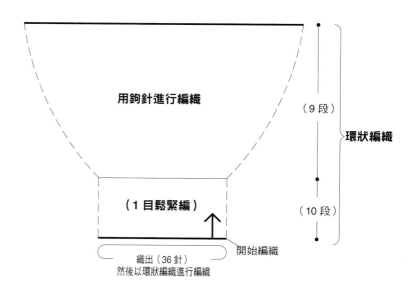

用鉤針進行編織

（9段）

（1目鬆緊編）

（10段）

環狀編織

開始編織

織出（36針）
然後以環狀編織進行編織

大花3朵

開始　結束

②
①

輪狀
起針

☞ 花的顏色：黃色＋紅色、天藍色＋紫色、粉紅色＋藍綠色

小花3朵

開始　結束

輪狀
起針

☞ 花的顏色：橘色、藍色、淺綠色

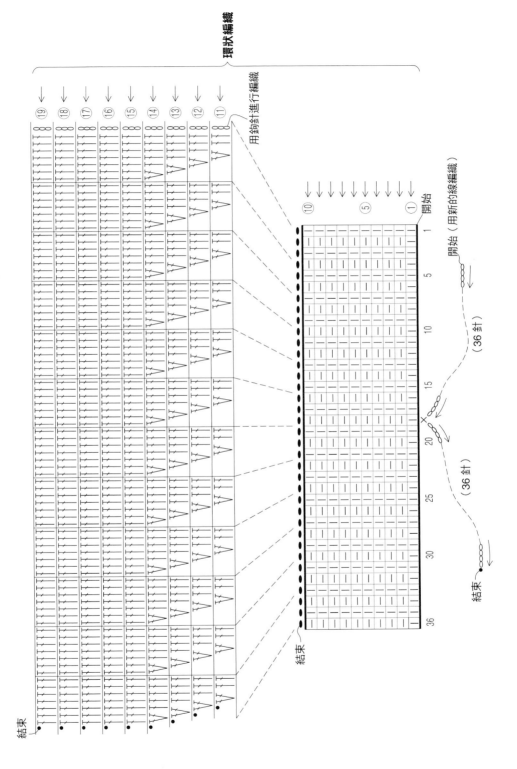

環狀編織

用鉤針進行編織

⑲ ⑱ ⑰ ⑯ ⑮ ⑭ ⑬ ⑫ ⑪

⑩ 5 1 開始

開始（用新的線編織）

（36 針）

（36 針）

結束

結束

結束

Ⓑ
蝴蝶結包包

線	黃麻線（米駝色 9g、白色少許）
針	毛線專用鉤針 4 號（包包）、毛線專用鉤針 3 號（蝴蝶結綁帶）、毛線縫針、壓線針
副材料	5mm 珍珠串珠 1 個、透明線
完成尺寸	包包高 4.5cm、寬 7cm

1

依照織圖鉤出包包。

2

依照織圖鉤出綁帶。

3

綁成蝴蝶結並縫到包包右上角。

4

在蝴蝶結中央縫上珍珠串珠。蝴蝶
結包包完成。

B

蝴蝶結包包

（16針）

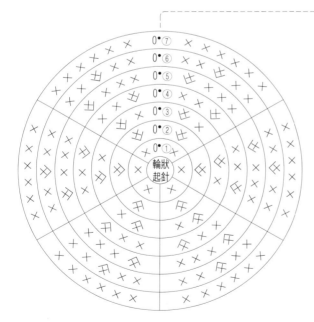

蝴蝶結綁帶

結束

重複16次

開始

Ⓒ

度假帽

線	黃麻線（米駝色 33g、白色 3g）、羊毛線（黃色、橘色、天藍色、藍色、粉紅色、淺綠色、紅色、紫色、藍綠色少許）
針	毛線專用鉤針 4 號（帽子、大花）、毛線專用鉤針 3 號（蝴蝶結綁帶）、毛線專用鉤針 2 號（小花）、毛線縫針、壓線針
副材料	3mm 珍珠串珠 3 個、2mm 紫色串珠 3 個、透明線
完成尺寸	帽圍 28cm

1

依照織圖鉤出帽子。

2

依照織圖鉤出綁帶。

3

依照織圖鉤出 6 朵花。

4

將綁帶圍住帽子，然後綁成蝴蝶結。

5

將花縫到蝴蝶結中央，然後縫上串珠。度假帽完成。

c

度假帽

大花 3 朵

開始　結束

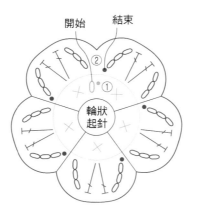

②
①
輪狀起針

☞ 花的顏色：黃色＋紅色、天藍色＋紫色、粉紅色＋藍綠色

小花 3 朵

開始　結束

輪狀起針

☞ 花的顏色：橘色、藍色、淺綠色

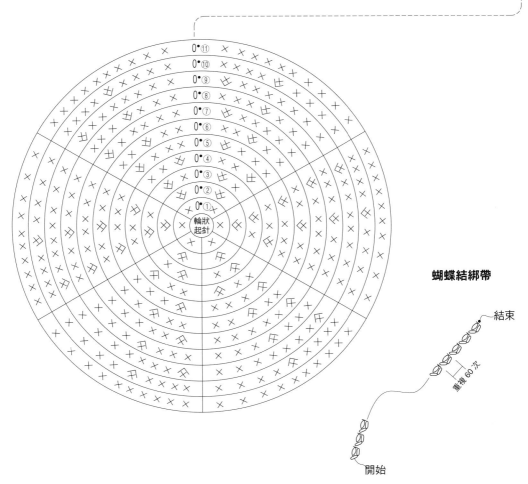

蝴蝶結綁帶

結束

鎖鏈 60 次

開始

有品味的優雅感
Office Look

◎ 玫瑰花髮夾

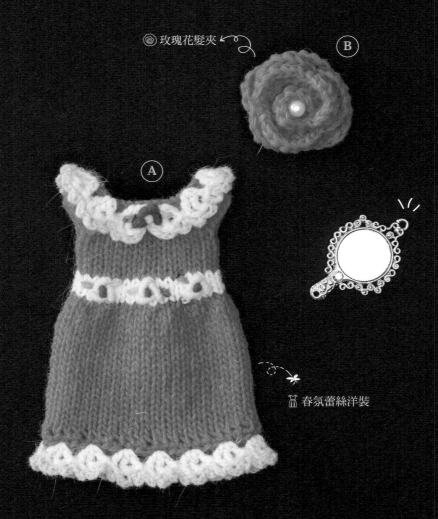

Ⓑ

Ⓐ

♧ 春氛蕾絲洋裝

整體以鮮豔的顏色搭配肩膀荷葉邊，
並且在腰圍上刺繡，展現出充滿女人味的線條。
搭配玫瑰花髮夾，完成有品味的女性職場穿搭。
真正的職場穿搭是將反映時代的優雅感作為亮點。

春氛蕾絲洋裝

線	羊毛線（深粉色 8g，白色 3g，黃色 3g，紅色、綠色、薄荷綠色少許）
針	棒針 3mm、毛線專用鈎針 2 號、毛線縫針、壓線針
副材料	領勾 2 對、深粉色繡線
完成尺寸	全長 10.5cm
密度	平編 32 針×44 段（10cm×10cm）

1

織出 42 針起針。

2

將針目分配到三支針上，以環狀編織進行編織，織出裙子。

Tip 從第19段開始進行平面編織

3

進行平編，直到完成第21段。

4

依照織圖減少針目，織出第22段。

5

用平編織出衣身。

6

在第32段用捲針織出袖子。

7

依照織圖織出肩膀和領口的部分。

8

用鉤針在洋裝的第37段上面鉤出領子蕾絲。

9

在洋裝的第①段上面依照織圖鉤出蕾絲。洋裝完成。

10

在洋裝背面縫上領勾。

11

繡上花朵。春氛蕾絲洋裝完成。

Tip 刺繡製作方法 p18

A

春氛蕾絲洋裝

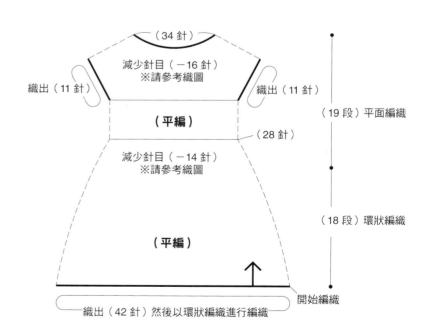

（34 針）

減少針目（－16 針）
※請參考織圖

織出（11 針）　　　　　織出（11 針）

（平編）

（28 針）

減少針目（－14 針）
※請參考織圖

（平編）

（19 段）平面編織

（18 段）環狀編織

開始編織

織出（42 針）然後以環狀編織進行編織

□ = 丨 下針記號省略

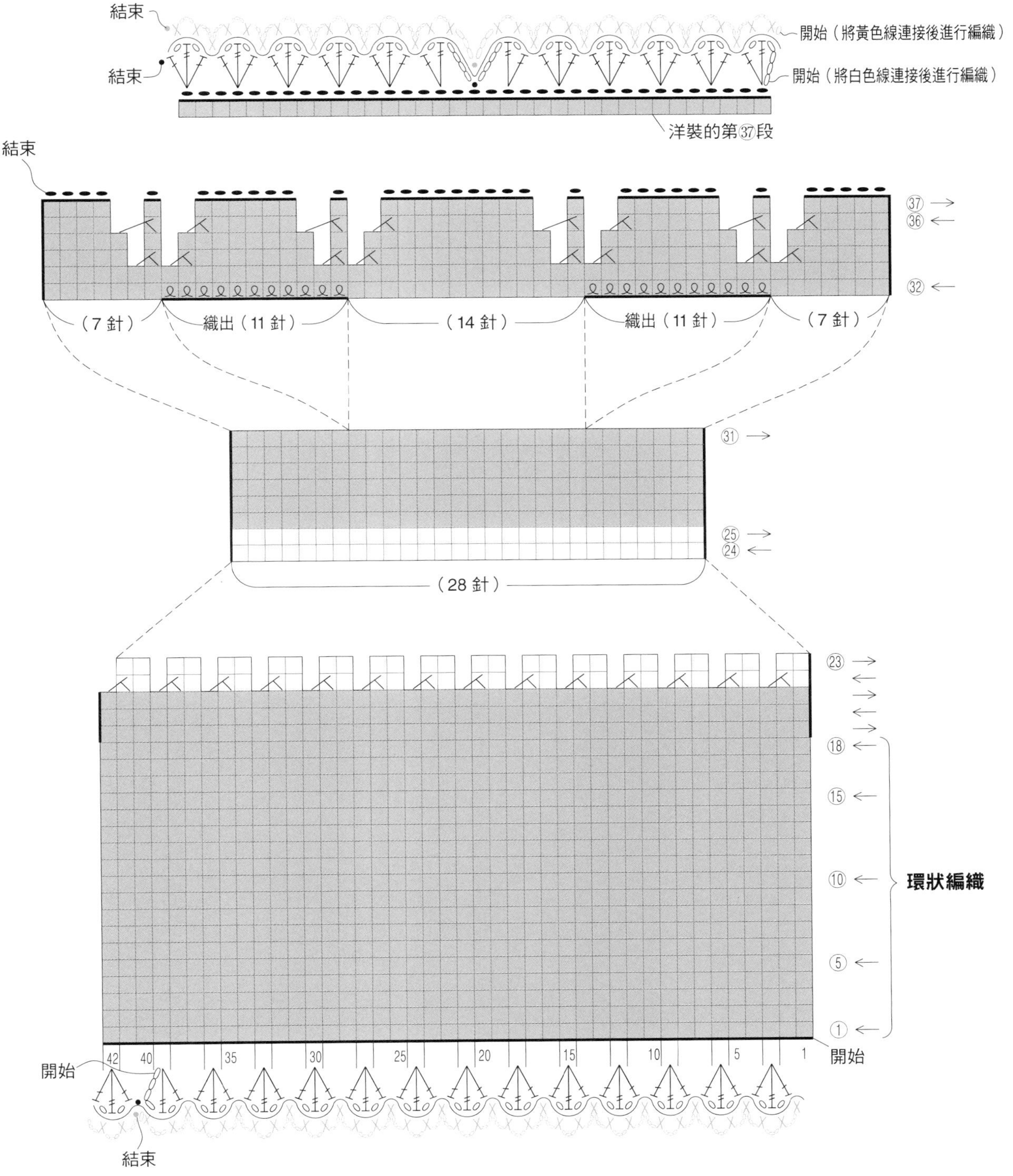
結束
結束
開始（將黃色線連接後進行編織）
開始（將白色線連接後進行編織）
洋裝的第㊲段
結束
㊲ →
㊱ ←
㉜ ←
（7 針）
織出（11 針）
（14 針）
織出（11 針）
（7 針）
㉛ →
㉕ →
㉔ ←
（28 針）
㉓ →
⑱ ←
⑮ ←
⑩ ←
⑤ ←
① ←
環狀編織
42 40 35 30 25 20 15 10 5 1
開始
開始
結束

Ⓑ

玫瑰花髮夾

線	羊毛線（深粉色 3g）
針	毛線專用鉤針 4 號、毛線縫針、壓線針
副材料	5mm 珍珠串珠 1 個、3.5cm 鴨嘴夾、熱熔膠、透明線
完成尺寸	玫瑰花 4cm

1

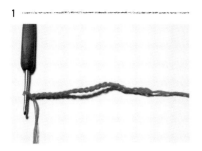

鉤 22 針鎖針。

2

依照織圖鉤出花瓣。

3

纏繞花瓣，製作成玫瑰花的樣子。

4

用毛線縫針將花的底部縫合固定。

5

在玫瑰花的中央縫上珍珠串珠，然後用熱熔膠黏上鴨嘴夾。

6

玫瑰花髮夾完成。

B

玫瑰花髮夾

③②①

☞ 捲成花的樣子，並用毛線縫針縫合底部

Roro
手織
娃娃服